Observation and Taste of Tea

Observation and Taste of Tea

茶言觀色

Observation and Taste of Tea

品茶趣

臺灣茶風味解析

陳國任————編著

華 品 文 創

臺灣茶的前世今生

茶至今已有三千多年的歷史，最早在詩經有「誰謂茶苦，其甘如薺」詩句，茶外觀形多，內容豐富，可謂是「柴米油鹽醬醋茶」生活中的甘露；也可以是文人雅士「寒夜客來茶當酒，黃泥小爐火初紅；從前一樣窗前月，纔有梅花便不同。」（杜甫）；歷史上文人詩詞詠茶，有數以千計的佳作，我們都曾在課本中讀過幾首，可見生活中，茶無所不在。

中國古典茶書至少有124種，陸羽《茶經》是其中的第一部，它不僅是中國飲茶文化的第一本專著，也是影響日本茶道，被日本人奉為經典的茶書。唐朝順宗永貞元年（805），日本僧人最澄大師從中國帶茶籽及茶樹回日本栽種，深得天皇喜愛，是茶葉傳入日本最早的記載，也讓飲茶在日本成為一種高尚的享受。

目前臺灣所栽種茶葉，是約300年前，傳承自中國福建茶系，由中國福建移民所帶來的，製作技術亦多承自福建。一開始產製的茶葉，除內銷外，大部分銷至中國大陸。日治時期，除了最早從中國大陸引進之茶種，日本人選出青心大冇、青心烏龍、大葉烏龍、硬枝紅心為四大茶種，日本政府並大力推廣紅茶之產製。到了二戰時期，由於茶園多改種糧食，使茶葉產量減產90%以上。

國民政府來臺早期多推廣紅茶,在70年代因工資上漲,外銷茶多轉為內銷,臺灣紅茶產量日減,80年代後臺灣改以內銷為主。近代在臺灣社會流行的泡沫紅茶文化是新的發展,各種連鎖茶飲店紛紛成立,口味亦極為多變,其中珍珠奶茶,已成為揚名國際的代表性飲料之一,飲茶文化的改變是最跟得上時代的。

作者陳國任博士為我臺大同屆同學多年好友,曾共同修課也住同一宿舍,一生投入茶的研究、推廣,見證近40年臺灣茶的演變,以專業述說臺灣茶產業,以精采文筆,深入淺出分享臺灣茶的真實面貌,讓我們進一步瞭解茶精彩的故事,兼具知識性和趣味性,是值得一讀的好書,特別推薦。

陳 保 基　臺灣大學名譽教授
　　　　　農業委員會前主任委員

| 序 | Preface

茶產業鏈之變遷與發展

頃聞陳國任場長，也是我的學長將出版《茶言觀色品茶趣》一書，令人十分振奮。更令我驚訝的是竟邀請我，也就是他的學弟，為書寫序，實在令人戰戰兢兢。

茶與飲茶在臺灣早已深植人心，成為生活的一部分。臺灣茶無論在生產、製造、加工、文化、藝術、消費各層次，在全球都稱得上是舉足輕重，其中茶業的研發更是受到重視；由於人才輩出，因此各領域相關之著作非常豐富，但作者具有深厚產業背景，能提出有完整且系統的專業論述並不多見。國任場長無論在茶業改良場任職或是在臺大求學期間，都是我的前輩，曾經提供我很多指導與建議。他從作物生產研究出發，有感作物生產科學不足以影響消費產業，因此以作物生產的深厚基礎，轉進茶葉製造與加工，同時為推展茶葉消費鏈，建立有系統的茶業感官品評體系與檢定制度，對臺灣茶產業之貢獻，能出其右者不多。

本書可說是陳場長從事茶業研發與推廣的寫實，由茶的始源、品種與原料生產開始，談到茶葉製造、精製與陳化，然後進入茶消費行為與動向的轉變，最後談構成茶的品質的元素與評鑑，可說是陳場長公務生涯的精華與寫照。

最令人驚豔的是，一般研發人員寫作，大多一板一眼，內容深邃且拗口，較難感動人心。但本書雖然引經據典，但文字與內容深入淺出，雅俗共賞，初看似為一般通識文章，但又深藏非常多專業知識，深閱則每一篇都足以視為科學性專著，可供後人參照，真實呈現整個產業鏈之變遷與發展歷程。

著書為千百年之大計，陸羽之所以偉大，是其所著之《茶經》讓後人得以知道當時茶業之盛況。學長的大作，相信也可成為後人瞭解近40年來臺灣茶產業鏈之盛況與演變，為產業留下最佳之見證。

陳右人　臺灣大學園藝暨景觀學系教授
　　　　農業委員會茶業改良場前場長

|序| Preface

承先啓後的茶事勉勵

1961年入行臺灣茶葉迄今60年，志業臺茶，渠任公會理事長期間，配合外貿協會主導成立臺灣食品團，銜命帶領食品團參與美國、法國及日本等各食品國，展開國際茶葉市場，深受日美茶界肯定。1980年在美推廣臺灣茶，精製拚配茶葉外銷美國，深受華人喜愛。1992年首創茶展於松山展館展出，至2020年歷經30年替茶農與茶葉廠商鋪設平台，增加茶葉經濟收益，並榮獲農委會頒發「臺茶傑出貢獻獎」殊榮。

近年來臺灣茶葉種植面積與產量逐年減少，欠缺加工與精製原料，同時國際競爭日益增加，臺茶產業面臨巨大壓力。展望未來，國際市場依然潛力無窮，臺茶市場也具規模，而且臺灣具有優勢的一級產業、產品具獨特性及臺茶衛生安全水準高於東南亞絕大部分國家。未來策略應對內鞏固臺茶產業，吸引青年人從事茶業生產，使種植面積回升，吸引投資加強市場區隔，藉由研發、行銷系統改善、產業加值與品牌建立，來厚植國內市場與產業，進而拓展國際貿易。對外加強國際貿易，掌握反守為攻的策略，擴增茶葉國際貿易量，整合臺茶產業及產品安全發展，製造優良產品之國際市場。

結緣相識相交陳國任先生於茶業改良場，他歷經製茶課長、研究員、場長等職務，退休至今已三年。臺大畢業及高考及格任職，屬於高學歷的茶技術專門人才。他任內和臺灣區製茶工業同業公會互動多，公會多項工作活動，如茶農子弟學習受訓，臺茶製茶

技術競賽，甚至公會每年主辦之世貿茶展，皆大力動員全力配合協助，公會歷屆理事長們，感激感謝。為人忠懇、謙虛，每逢見面必尊稱「學長」，因為同是臺大人，我卻比他虛長多歲，又在茶界已一甲子的老茶匠呢。

茶界中官商技職人，著書出刊者不多，陳君退休後著書求序，令我驚奇敬佩。提筆寫書很辛苦，問他所為何來？他笑談，一生事茶精研茶葉製造、感官評鑑及推廣輔導，願不藏私分享讀者，也可倡導國人多喝茶，既效法學長著書，所以要求寫序。

本書分篇「茶之源」、「茶之造」、「茶之飲」、「茶之品」分別敘述茶之歷史、品種、製造、品茗及品評，用其公務生涯對茶之歷練專精，分享茶青、茶人及國人消費者，其用心美意，值得尊敬及推薦。本書讀者展讀有益，茶界感謝陳君辛苦。

　　　黃正敏　臺灣區製茶工業同業公會前理事長

讓茶成爲最美的文化風景

宋〈大觀茶論〉:「夫茶以味為上香甘重滑,為味之全也。」

經過數百年,在現代我們把茶延伸成一個全方位的味道,可以重新定義。源於味覺不止於味覺的文化,已經延伸到視覺、聽覺、嗅覺及觸覺等。

茶葉從製好是固態的外形經過茶藝的詮釋從固態到液態,臺灣發展壺泡漸呈式的沖泡,延長了品味時間且豐富品茶內容,除茶湯品評探討,進而發展更多茶事的形式、美學、哲學等諸多概念。品茗藝術講求名茶、茶水、茶器及事茶技巧,否則一留敗筆則會減損品茗氣韻。《陸羽・茶經・六之飲》「……茶有九難:一曰造,二曰別,三曰器,四曰火,五曰水,六曰炙,七曰末,八曰煮,九曰飲。……」擇一優良茗茶為茶人功課之一,其中二曰別,即為對茶葉的鑑別。因此在事茶之前,基礎的對茶樣做鑑別乃是事茶者不可忽略。

陳國任博士所著《茶言觀色品茶趣》此書提供完整的識茶知識,有助提升茶湯的沖泡與美學詮釋。陳博士自1981年起迄今擔任各區優良茶葉比賽評審,其專業知識與累積的豐厚經驗提供了茶農產製技術,深入茶區與茶農深談更建立了產官學的良好互動。臺灣茶藝發展趨向多元化,陳博士以其學術專業進入大學校園培養優秀茶產業全方位年輕學子,近年來更深入參與茶藝活動給予茶科學的專業知識多方的指導,提升茶湯的沖泡。

隨著臺灣經濟穩定生活品質提高，日常喝茶的態度亦重視品茶藝術，此品茶藝術的內涵涵蓋二個層面。第一、代表鑑賞力提高，是喝茶到品味的昇華。第二、慢，放慢去感受茶的味覺、嗅覺的滋味變化；慢，代表一種觀照，透過茶湯觀照你的內在，在官能中去探索，發現茶裡的苦、澀、甘、甜、酸。

品茶的過程中當然會有差異性，陳國任博士所著《茶言觀色品茶趣》正好完整提「味覺地圖、嗅覺密碼」，帶著我們跟著茶進行一段「香與味的旅行」，這即是品茶氛圍深層美感的樂趣！日復一日經由一種專注觀照歷練出品茶藝術之美，而在東方有情文化映照下，品茶有了源於滋味而產生的哲理境界！但前提是能夠瞭解每種茶葉特色，陳國任博士所著《茶言觀色品茶趣》提供茶藝愛好者能以無適無莫謙和態度隨時適應調整，通過深層鑑賞而梳理出品茶哲學。

明朝張源曰：「造時精，藏時燥，泡時潔。精、燥、潔，茶道盡矣！」是古人對茶的浩瀚情懷！而當代愛茶人士更可藉由《茶言觀色品茶趣》一書聞風而淪。感謝陳博士在其四十年之職場生涯，退休後亦不遺餘力提升國內茶產業，讓茶成為最美的文化風景。

陳玉婷　國際大觀人文茶書院
中華茶藝家研究協會理事長

| 自序 | Preface

為臺茶永續發展而努力

1977年因緣際會踏入茶業改良場服務，一路從基層做起，歷任技佐、助理研究員、文山分場分場長、臺東分場分場長及製茶課課長，2015年接任茶改場場長重任。自完成臺灣大學農學博士學位，一生都在為提升臺灣製茶與茶樹栽植管理技術而努力，為提升臺灣茶農經濟收益和臺茶品質及競爭力不遺餘力。同時，2003年起兼任臺大農藝系兼任副教授，講授「茶作學」，另自2011年起在私立大同及亞太技術學院兩所學校，擔任茶業相關課程講授，教育上千位莘莘學子認識茶樹品種、茶園經營栽培、茶葉製造及茶葉品質評鑑等相關知識，輔導就業及產業人才之培育。2012年以茶之名獲選第36屆「臺灣十大傑出農業專家」，2014年獲得農業委員會優秀農業人員等殊榮。一路走來秉持初心，40年如一日，以身為茶人為榮，努力貢獻自身所學所長，於2018年1月16日退休。40年的茶路旅程，不論是茶農的憨厚，茶園的翠綠，製茶的茶香，品評的茶味，都是心中最美的回憶，並以終身茶人為職志，為熱愛的臺灣茶繼續盡一分之力。

回憶過往，特別感念茶業界評審權威，同時也是前場長吳振鐸老師的栽培提攜，從1981年起進入臺灣優良茶比賽領域，初期跟隨老師四處走訪，親身體驗所有比賽的評鑑情形，發現茶葉品質存在許多複雜因素，也深刻體悟到評鑑茶葉的工作，必需擁有許多專業領域的知識，包括田間栽培、製茶及烘焙技術、包裝和儲存

茶 言 觀 色

品 茶 趣

等等，都會影響茶葉品質好壞。於是開始摸索茶的世界，從茶葉品種、栽培管理、氣候環境、製茶技術、包裝儲存和精製等作業流程切入，以深入瞭解茶葉品質。自1981年迄今，擔任各茶區優良茶比賽分級工作高達六百場次，也在歲月洗禮和專業累積之下，以提升茶農產製技術及建立品牌及輔導茶葉行銷為重任。

如今卸下公務職位，更有機會深入茶區與茶農深談，及踏入陌生的茶藝領域，認為臺灣茶業蘊含著深厚的產業根基、文化及觀光等面向之發展潛能。於是彙整茶業改良場昔日同仁的研究成果，茶人深厚的茶經驗以及個人茶知識心路旅程，以「茶之源」探討臺灣茶的產地起源及歷史，了解多樣豐富的茶樹品種及採摘方式；「茶之造」專業深度解析臺灣茶最重要的兩個製程——「發酵」及「烘焙」對製程的影響；「茶之飲」探索臺灣特色茶風味及特色，並加入近期風行的陳年老茶介紹；「茶之品」解密臺灣茶感官品質評鑑之關鍵密碼，以《茶言觀色品茶趣》為書名出版，為臺茶永續發展而努力。

目次

Observation and Taste of Tea

PART-1 壹

多樣性的臺灣茶樹 栽培品種

臺灣茶業發展史

臺灣之有茶約在荷蘭據台時期（1624～1662），而臺灣茶葉生產最早記載於康熙五十六年（1717）的諸羅縣治。臺茶發展之初，製茶種類只是臺灣獨有之烏龍茶，至1873年烏龍茶滯銷，繼之大陸茶商來台設廠製造包種茶接踵而至，於是包種茶之產量年增，其後遂與興盛一時之烏龍茶並駕齊驅。

日據時期之臺茶，日本政府於1926年將印度阿薩姆茶種引進臺灣，種植於埔里。於是，臺灣茶業從此改觀，紅茶又繼烏龍茶與包種茶之後興起，形成臺茶可向外適時適地競爭之三種主要茶類。

臺灣光復以後，以碎型紅茶、眉茶及煎茶之外銷為主，但對臺灣特有之包種茶，烏龍茶、壽眉、龍井茶、珠茶等的試驗研究及輔導推廣等從未間斷。1980年代，由於臺幣升值，勞力缺乏，工資

高漲，臺茶逐漸喪失外銷競爭力，1986年外銷量降為一萬公噸，至1996年更銳減為三千四百餘公噸，不足總產量的百分之十五。換言之，臺灣茶葉已由以往的外銷為主，逐漸轉為內銷為重，產製外銷茶為主的大型製茶工廠已由早期的四百餘家，至今僅餘四十家，代之而起的是分散在各茶區的自產自製茶農，目前已超出五千家以上。

而臺灣包種茶及烏龍茶的產製技術也在政府有關機構不斷應用新科技新技術輔導茶農改進產製技術，提高茶葉品質，已逐漸演變而自成一格，其外觀及香味與大陸烏龍茶截然不同；光復後各茶區亦依其產製環境之特性而發展出各種特色茶，如臺北文山包種茶、木柵鐵觀音、桃園龍泉茶、新竹白毫烏龍茶（椪風茶）、苗栗明德茶、南投松柏長青茶、凍頂茶、竹山金萱茶、宜蘭素馨茶、臺東福鹿茶、花蓮天鶴茶，以及新興高山茶等皆各有其特殊風味。臺灣生產的茶葉種類，兼具不發酵茶（綠茶、碧螺春及煎茶）、部分發酵茶（包種茶、烏龍茶）及全發酵茶（紅茶）之生產，產製技術之精良術及生產種類繁多為世界之最。

近年來，由於飲茶風氣日漸盛行，消費層次進而提高，茶業之產製結構已經轉變，各種茶葉種類之製作及製茶技術施以科學化、機械化的作業，製茶技術均配合時代的變遷而邁進，追求茶葉色、香、味最高的境界。

茶樹在植物學上的分類地位

茶樹的學名〔*Camellia sinensis*（L.）O.Kuntze〕，首先由瑞典植物科學家林奈（Carl Von Linne）所定，名稱為Thea sinensis。之後近百年間曾有20幾種不同的學名，引起植物界的爭論不休。至1950年才由中國著名的植物學家錢崇樹先生根據國際命名法並參考茶樹的各項特性之研究資料，確定了茶樹的學名。

茶樹屬被子植物門，雙子葉植物綱、原始花被亞綱、山茶目、山茶科、山茶屬、茶種；在山茶科（Theaceae）、茶屬（Camellia）中，茶是最重要的經濟作物。茶有很多亞種，最重要的有中國小葉種或稱為小葉種（*C. sinensis* var. sinensis）以及阿薩姆種或稱為大葉種（*C. sinensis* var. assamica）等二個亞種。臺灣也有原生的武威山茶（*C. sinensis* susp. buisanensis），分布在中央山脈一帶，目前在南投縣眉原山尚有極為集中之野生山茶。

茶樹的原產地在中國，至於中心地帶在中國西南地區包括雲南、貴州、四川等地。不論中國種茶樹或印度種茶樹之染色體數目都是相同的，即2n＝30。

中國是世界上最早發現茶樹和利用茶樹的國家，根據神農本草經記載「神農嚐百草」，「日遇七十二毒，得茶而解之」，由此推斷神農距今約有5000～6000年，也就是說當公元前2737～2697年間，茶樹即被中國人所發現利用。

茶樹原產地及起源

茶樹原產地主要分佈於東南亞熱帶及亞熱帶；茶樹的起源問題，歷來爭論較多，隨著考證技術的發展和新發現，才逐漸達成共識，即中國大陸是茶樹的原產地，並確認中國大陸西南地區（雲南、廣州、貴州、四川等地）是茶樹原產地的中心。

由於地質變遷及人為栽培，茶樹開始由此普及中國大陸，並逐漸傳播至世界各地（例如印度阿薩姆省、越南、緬甸北部、泰國東部等地區）。

臺灣最早記錄之茶樹品種係記載於康熙五十六年（1717）的諸羅縣治，不過所使用的品種是武威山茶，這種原生茶樹後來雖被選出山茶及赤芽山茶兩品種，但未被廣泛應用。

茶樹特性

茶樹〔*Camellia sinensis* (L.) O.kuntze〕係常綠木本多年生之異交作物，染色體數2N=30，自交結實率低於5％，雜交親本組合力要大，利用天然或人工雜交產生雜種優勢，育成茶樹優良品種。其生長發育、萌芽期及採摘期的控制，端視氣候環境及栽培管理而定，品種間表現不同的生長特性。茶可由頂芽、腋芽及枝條上的不定芽發育生長出新梢，俗稱芽葉，其幼嫩之一心二葉或三葉為採摘加工利用的部分，俗稱茶菁；按生長季節可分為春芽、夏芽、秋芽及冬芽，由於芽葉生長易受到氣溫、日照、水分及養分狀態等諸環境因子所影響，致使芽葉之外部形態及化學成分變異頗大，而影響產量及品質。臺灣氣候溫暖，適合茶樹生長，到處都有以茶知名的地方，由於原料適製性和製法不同，茶的種類達數十種，其色、香、味之表現，是臺灣特色茶之精華所在；在製作過程中，那一曬一翻、一搖一抖、一炒一攤、一揉一揀，每一細膩的動作，都關係著茶香之幽雅飄逸及滋味之清醇甘潤。茶葉色香味之表現隨著品種、季節、氣候環境、栽種管理、製茶技術及發酵烘焙程度而脈動。

臺灣目前主要栽培品種之來源

‧ 目前小葉種主要栽培品種是從中國大陸福建地區引進。

‧ 柯朝氏於嘉慶年間（1796～1820）引進武夷山茶籽種於北部山區。

‧ 英國人約翰杜德（1869）為推廣茶業，大量引進茶種與茶苗，並積極推廣使茶樹成為臺灣北部最重要的經濟作物。

‧ 林鳳池氏於咸豐五年（1855）引進青心烏龍，種植於鹿谷鄉凍頂山，並加以推廣，亦使鹿谷地區成為最重要的半球型包種茶產區。

‧ 張迺妙氏（1875～1908）引進鐵觀音種於木柵，並且推展鐵觀音茶，使木柵成為鐵觀音茶最早且最重要的產區。

‧ 截至目前為止，由各地引進之品種，加上民間從引進之茶樹實生系中選出之地方品種，以及雜交育成的品種，總計有百餘種。

‧ 大葉種主要栽培品種從印度、泰國等地引進，在日據時代由三井株式會社於1920年引進至臺灣，種植於埔里魚池一帶。

· 臺灣原生山茶的主要分佈區域於：
　臺東縣延平鄉永康山、高雄市六龜區南鳳山、
　南投縣仁愛鄉眉原山、南投縣鹿谷鄉鳳凰山、
　南投縣魚池鄉德化社、嘉義縣阿里山等。

臺灣原生山茶（*Camellia formosensis*），其中臺東縣永康山茶在外部形態上已有明顯分化（*C. formosensis var. yungkangensis*），中文名稱為永康山茶。武威山茶為烏皮茶屬（*Pyrenaria*），而赤芽山茶、水井山茶及瀨頭山茶為垢果山茶（*Camellia furfuracea*）。

 臺灣茶樹品種的分類

一、親緣

分大葉種和小葉種兩種，大葉種包括國外引進之阿薩姆種、單株選拔之臺茶8號及雜交育種之臺茶18和21號等品種；小葉種包括青心烏龍、硬枝紅心、大葉烏龍、青心大冇及民間所謂的四季春等茶樹地方品種，及臺茶12號、13號、19號、20號及22號等茶樹雜交育成品種。

二、適製性

分不發酵茶、部分發酵茶及全發酵茶等三大類；不發酵茶之品種為青心大冇、青心柑仔等；部分發酵茶為青心烏龍、臺茶12號、13號、鐵觀音、硬枝紅心、大葉烏龍、青心大冇及四季春等茶樹品種。小葉種適製各類茶葉，唯以部分發酵茶及不發酵茶為主；全發酵茶為阿薩姆種、臺茶8號、臺茶18號、臺茶21號及臺茶23號等品種，臺灣山茶亦可製造紅茶，而三倍體皋盧種之紅茶品質則不佳。

深綠芽色鮮葉製成紅茶，品質不好，香味低淡，有菁味，湯色淺，葉底褐暗。 有花青素，製作綠茶香氣高味鮮爽，滋味醇厚，湯色葉底黃綠明亮，為綠茶中的佳品。

淺綠色鮮葉製紅茶，品質優良，香氣純正，滋味甜和醇厚，湯色葉底紅亮。

紫色或帶淺黃色的鮮葉，製成紅茶，品質中等，香氣正常，滋味稍苦澀，葉底不如淺綠色葉的鮮明，紫色葉如照一般製法製成綠茶，則品質低劣，香氣低淡，滋味苦澀，湯色混濁，葉底春茶為暗綠色，夏秋茶呈靛青色或紫藍色，成茶色澤很不好看。如果是蒸菁綠茶，鮮葉蒸熱殺菁時間稍過，葉綠素消失，就黃上加黃，成茶顏色更不像綠茶。（左圖摘自茶業改良場講義集）

三、樹型

分為半喬木、喬木和灌木型三種，前者印度阿薩姆及臺灣山茶，後者係小葉種。前者採摘面宜剪成水平型，後者則以淺弧型為主。

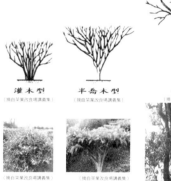

灌木型
（摘自茶業改良場講義集）

半喬木型
（摘自茶業改良場講義集）

喬木型
（摘自茶業改良場講義集）

（摘自茶業改良場講義集）

（摘自茶業改良場講義集）

（摘自茶業改良場講義集）

四、產期

冬季修剪後，調查次年樹冠萌發一心一葉達30%為萌芽期，分早、中、晚生三類。而茶樹萌芽期受品種間固有特性之不同而有差異，亦受植茶地區之氣候及剪枝時期之不同而不同。一般於立春後（2月4日）至3月上旬萌芽者為早生種，3月中下旬萌芽者為中生種，4月上旬以後萌芽者為晚生種，惟在立春前採摘者為不知春茶。

早生種：青心柑仔、四季春、臺茶8、17及18號。
中生種：青心大冇、臺茶12、13、19及20號。
晚生種：青心烏龍、鐵觀音。

臺灣主要栽培品種的特性

地方品種：青心烏龍、青心大冇、鐵觀音、
　　　　　　大葉烏龍、硬枝紅心、青心柑仔等

引進品種：阿薩姆

品種

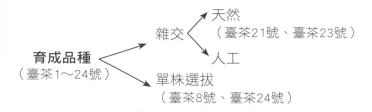

雜交 → 天然（臺茶21號、臺茶23號）

雜交 → 人工

育成品種（臺茶1～24號）→ 單株選拔（臺茶8號、臺茶24號）

雜交育種→變異→選拔

青心烏龍（別名：青心、烏龍、種仔、軟枝烏龍、玉叢）

樹形稍小屬於開張形，枝葉較密生，葉形長橢圓形，以葉部5～6公分處最闊，葉肉稍厚，質柔軟富彈性，葉色呈濃綠色而富光澤，葉脈色淡明顯凹陷與主脈交角最小平均僅40度左右，幼芽呈紫色。由於製茶品質優異，全省各茶區均有栽培，適合製造包種茶，屬於晚生種，臺灣目前栽培面積最大品種。在北部適製香氣清揚的文山包

（上圖摘自茶業改良場講義集）

種茶，在高海拔茶區製作香氣優雅的高山茶，且在南投茶區製作熟香型的凍頂烏龍茶，顯示該品種製作茶類的多元性。

青心大冇（別名：大冇、青心）

樹形中等稍橫張性，葉形長橢圓形，葉基鈍，葉尖先端凹入，葉片中央部最闊，鋸齒比較銳利，葉肉稍厚帶硬，中肋大稍明顯，側脈則不明顯，葉色呈暗綠色，幼芽肥大而密生茸毛且呈紫紅色，樹勢強，產量高。本品種以桃園、新竹、苗栗等地為主產地，適製性廣，屬中生種，往昔是製作外銷綠茶及紅茶之主要品種，如今是東方美人之風行品種。

鐵觀音（別名：紅心歪尾桃）

樹型稍大，枝條肥大，枝葉著生數少，葉形橢圓形，葉面最為開展，葉肉甚厚富於光澤，鋸齒稍大而不銳利，且中央部以下如同被扭轉呈大波浪狀為其特徵。側脈間隆起呈皺紋狀，幼芽稍帶紅色，收量少。原產福建省泉州府安溪縣，臺灣以臺北木柵為主產地，製作焙火香型鐵觀音，屬小葉晚生種。

福建安溪六大茶樹品種
鐵觀音、黃金桂、大葉烏龍、本山、毛蟹、梅占。

大葉烏龍（別名：烏龍種）

樹型高大，枝條粗，枝葉稍少，葉形長橢圓形，葉肉厚，葉色呈暗綠色，幼芽稍肥大，白毛多，呈淡紅色，樹勢佳，成活率高，生長迅速，收量居中。屬早生，小葉種橫張型灌木茶樹。早期以新北市汐止、七堵、石門、深坑、石碇等為主產地，栽培面積已漸少，目前在花蓮瑞穗以種植大葉烏龍生產蜜香紅茶為主。

青心柑仔（別名：柑仔）

地方品種，小葉種，屬早生種，適製綠茶。

主要產區於新北市三峽區製作碧螺春，葉為狹長型，生長勢中等。橫張性，枝葉極疏，枝條彎曲。內折度大似柑橘葉。外輪花萼小，花瓣數目多平均8個。

茶芽茸毛多，萌芽期早，茶芽芽色黃中帶綠，開花數少，結果數少，抗病蟲害能力弱，耐旱性弱。

四季春

源於臺北市木柵茶區，目前為南投縣名間地區主要栽培品種。幼

芽略紫，葉色淺，葉質硬，生長勢強，抗蟲病害，一年最多可採7次，適合機採。

樹型中大橫張，枝葉及茶芽均屬密生，幼芽萌發生長初期為淡紫紅色；葉片形態似紡錘形，兩端較尖銳葉色淡綠，鋸齒細且尖，葉肉厚稍具光澤。茶芽茸毛中，萌芽期早，開花數多，抗病能力強，耐旱性中。屬地方品種，適製部分發酵茶類，目前是南投名間主要栽培品種，飲料市場原料主要來源。

臺茶8號（Jaipuri單株選拔）

由印度引進之大葉種實生苗單株選拔選出，葉成橢圓形，芽色淡綠，葉色較淺，喬木，生長勢強，抗蟲病害，適製紅茶。早期多於南投、花東等地區種植。

臺茶12號（別名：金萱）

母本臺農8號×父本硬枝紅心之雜交後裔（品系代號2027），於1981年命名，樹型橫張型，葉橢圓形，葉肉厚，葉色濃綠富光澤，芽綠中帶紫，富茸毛，芽密度高，樹勢強，高產，採摘期

長，抗枝枯病適製包種茶及烏龍茶，屬中生種。以奶香品質著稱，另外在鹿谷茶區另闢熟香型的凍頂烏龍茶市場。

臺茶13號（別名：翠玉）

母本硬枝紅心×父本臺農80號之雜交後裔（品系代號2029），於1981年命名。除樹型較直立，芽色稍紫，樹勢強產量略遜，芽密度較低外，其餘特性與臺茶12號

相近，適合製造包種茶及烏龍茶，屬中生種，以茉莉花香著稱。

臺茶17號（別名：白鷺）

父本臺農1958號，母本臺農335號，於1983年命名，屬小葉早生

種。樹型灌木，樹姿直立分枝疏，小葉種，葉形長橢圓，葉色黃綠，芽葉茸毛特多，樹勢強，抗病蟲害性強，抗旱性強。因其芽大茸毛多，在桃園茶區亦是製作東方美人茶的芽葉原料。

臺茶18號（別名：紅玉）

雜交親本：母本緬甸大葉種×父本臺灣山茶。

目前各茶區均有種植，其中以南投魚池茶區種植面積最廣。葉成橢圓形，絨毛極少，芽色淺黃，葉色較淺，喬木，生長勢強，抗蟲病害。具薄荷肉桂香，適製紅茶。

臺茶20號（別名：迎香）

幼芽嫩葉鮮綠略帶紫色，後轉為
鮮綠色。嫩葉茸毛，較青心烏龍
密，成熟葉為長橢圓型，採摘期
中生，萌芽整齊。單位面積茶菁
收量高，但較易纖維化。扦插及
定植成活率高，於低海拔茶區種

植，生長勢強。較耐旱品種，是水源較短缺茶區極佳的選擇。高
溫多濕的環境，應注意茶餅病及赤葉枯病的發生。

臺茶21號（別名：紅韻）

FKK-1（♀印度大葉種Kyang×♂祁
門kimen）天然雜交後代，屬大葉
早生種。 2008年10月17日正式命
名，半喬木型、生長勢強、茸毛短
而密具有抗風和抗旱特性。嫩葉易
纖維化，採摘期較短，具濃郁柚花
香，適製紅茶。

臺茶23號（別名：祁韻）

祁門天然雜交後裔，屬小葉種，
適製紅茶，花果香品質特性。

臺茶24號（別名：山蘊）

臺灣山茶後裔，單株選拔，產品具低咖啡因及高游離氨基酸特性，製綠茶柚子香及紅茶菇罩香之特性。

扦插苗圃

臺灣常見茶樹品種茶類適製性

大（小）葉種	品種	一般常見適製茶類
小葉種	青心烏龍	部分發酵茶
	青心大冇	東方美人茶
	青心柑仔	綠茶
	四季春	部分發酵茶
	鐵觀音	鐵觀音茶
	臺茶12號（金萱）	部分發酵茶
	臺茶13號（翠玉）	部分發酵茶
	臺茶17號（白鷺）	東方美人茶、白茶
大葉種	臺茶8號	紅茶
	臺茶18號（紅玉）	紅茶
	臺茶21號（紅韻）	紅茶
	阿薩姆	紅茶

大葉種及小葉種之比較

品種	大葉種	小葉種
樹形	喬木、半喬木	灌木
葉片大小	較大	較小
葉色	較淡	較深
角質層	較薄	較厚
適製性	紅茶	綠茶、部分發酵茶、紅茶
多元酚類含量	較高	較低
葉綠素含量	較低	較高

小 常 識

紅茶品種

阿 薩 姆：引進品種
臺茶 8 號：單株選拔
臺茶18號：人工雜交
臺茶21號：天然雜交
臺茶23號：天然雜交

小 常 識

臺灣光復初期四大名種
青心烏龍、青心大冇、大葉烏龍、硬枝紅心。

目前臺灣栽種面積最多之四大品種
青心烏龍、臺茶12號、四季春、青心大冇。

一心二葉知多少

心者，指的是茶樹枝條最頂端的頂芽，頂芽依生長狀況分為生長芽（growing shoot）及駐芽（banihi shoot）；葉者，則是指芽旁所長出的新葉，葉分為魚葉（fish leaf）、本葉（flush leaf）及對口葉（banjhi leaf）。所以「一心二葉」，乃是指茶葉採摘時，特別選定頂芽及芽旁最新長出的兩片嫩葉而採之，使茶葉的品質較為穩定而有更高的經濟價值。一心二葉不僅代表茶菁原料的品級，更可延伸為人生的哲學。證嚴上人所闡釋「一心二葉」的哲學為「一葉是慈悲，一葉是智慧；一心，就是多用心」。在重視健康保健的今天，茶飲料可說是相當之盛行，各家廠商無不使盡渾身解數爭食這塊大餅。而在茶葉或茶飲料成品的包裝或廣告上，常出現強調使用「一心二葉」的原料等字眼，讓一心二葉這個名詞在一般消費者心目中，儼然成為了茶葉品質的保證。

一心二葉是製茶原料的代名詞，有關茶樹種植之風土條件、茶樹之生育、茶樹採摘及茶葉化學成分先行了解，有助於了解茶葉色香味品質的密碼。

茶樹種植之風土條件

氣候

茶樹的分佈主要受雨量、溫度、海拔、風力與日照等自然環境的支配,自北緯40度至南緯30度之間,均可栽培。茶樹生長最適宜的平均溫度在18～25℃之間,低於5℃時,茶樹停止生長,高於40℃時茶樹容易死亡。

其適應性視品種而異,一般而言,小葉種生命力較大葉種強。茶樹性喜溼潤,年降雨量1800～3000公厘,相對溼度在75～80%之間,臺灣由北至南,由東至西,海拔由數十公尺的平地至海拔2,500公尺的高山,皆有茶園分佈,但主要集中在海拔數十公尺至1,500公尺間的丘陵地、緩坡地及高山等。凡大氣中相對溼度較高的山地茶區,多適於茶樹生長,現今臺灣著名茶區多沿中央山脈而上,都位於山川秀麗之地區。籠罩在迷霧中對於茶樹是相當有益的,因為迷霧具有保濕及防曬功能。

茶樹為葉用作物，陽光照射之強弱，日照時數之長短，影響茶葉
發育之遲速。葉色濃淡，所含化學成分多寡，與品質之優劣有密
切之關係。坡向亦與日照時數有關。

緩和之風，能促進葉面之蒸發，以助體中養分之運作，增加空氣
之流動，以助葉面之呼吸，搖動枝
幹則各部組織因之堅強，抵抗力增
加。

霜害

各產茶縣種茶面積由數十公頃至數
千公頃不一，多集中在臺北、新
北、桃園、新竹、苗栗、臺中、南
投、嘉義、雲林、高雄、宜蘭、花
蓮及臺東縣。

土壤

優良茶作區土壤首需排水良好、表土深、土質疏鬆，pH值4.5～
5.5之間，且富含腐植質及礦物質之砂質壤土或砂質黏土為佳。
茶園土壤pH值對茶樹的影響屬於間接性，它是先影響植物營養要
素溶解度及有效性，再影響茶樹生長。

茶園種植

茶園敷蓋

茶樹萌芽與生育

茶芽的發育是自鱗片脫落至第一片小葉開展約需七至九天，這種先開展的叫做魚葉或者胎葉，然後每展開一葉約四至六天，如果任其發展則每芽可發育五到十葉不等，不過我們僅採「一心二到三葉」，所以所謂的「一心二葉」其實是要視環境和品種的情況而定。而當

真葉——

——魚葉

魚葉——

茶芽頂端最後一個芽葉成熟時會形成僅存小葉的休眠芽，又稱為駐芽，採摘的芽稱為對口芽或者對口葉。（上圖摘自茶業改良場講義集）

碧螺春：
1. 外觀：色澤鮮綠、白毫顯露
2. 水色：碧綠清澈、鮮艷明亮
3. 香氣：幽香鮮雅、純和天然之菜香
4. 滋味：醇合甘甜、鮮爽活口

一心二葉為茶葉最嫩的部分，茶葉採摘愈嫩，其所含各種有效成分愈多，水浸出物，全氮量及兒茶素，均隨茶葉之長大而漸次減少，嫩葉各種應有之良好成分含量均多；蓋嫩葉為分生細胞組成，細胞小而膜亦薄，原生質亦濃；細胞間空隙小，故製成之茶，條索整然，不易破碎，水色清艷，香氣馥郁，滋味醇厚，故成茶品質優越。老葉為永久組織之細胞所構成，細胞大而膜厚，由木栓纖維組織，細胞間空隙大，原生質濃度減低，製成茶多碎末，且組織粗鬆，密度減低，沖泡時多浮於水面。大觀茶論曰「凡芽如雀舌穀粒者，為鬥品，一槍一旗為揀芽，一槍二旗次之，餘斯為下」，是亦言嫩採為佳也。

生長芽（摘自茶業改良場講義集）

魚葉

春季茶芽的發育是自鱗片脫落至第一片小葉開展者為魚葉俗稱腳葉或托葉，日本稱胎葉，斯里蘭卡稱魚葉，印度稱葉鞘。其特徵為形狀小、邊緣平滑、無鋸齒、先端鈍及色較淡。
正常之茶樹採摘必須於於魚葉之上留一或二本葉，促進腋芽之萌芽發育，供下一季採摘芽葉作為製茶原料之用。

頂芽優勢

茶樹和其他高等植物一樣，在生長過程中，往往主莖和主根生長較慢。茶樹的芽很多，但並不是每個芽都能同時萌發生長，而往往頂芽首先萌發生長，其他的側芽發育遲緩或長期處於休眠狀態，這種頂芽生長抑制側芽生長的現象，在生物學上稱「頂芽優勢」。

茶樹碳／氮比

- 碳的合成代謝

  綠色植物吸收光能，同化CO_2及H_2O製造有機物質（糖類）及釋放氧氣，稱為光合作用（photosynthesis）。

- 氮的合成代謝

  綠色植物的根吸收氮肥（硝酸鹽、銨鹽），在體內合成氨基酸及蛋白質。

- 茶樹中鮮葉含碳量約11％，含氮量約5％，因此碳/氮之比在2～3之間。一般而言，茶樹嫩葉比老葉含氮量較高而含碳量較低；如果頂部枝梢長期不剪，枝梢老化，碳水化合物增多，氮素含量下降，碳氮比值大，營養生長衰退，茶籽增多。因此採用修剪方法，剪去含碳量較多的部位，使新枝條代替老枝條，是改變茶枝條碳氮比的一種方法；通過修剪，剪去了部分枝條後茶樹的生長點減少，根部吸收的水分養分供應量相對充足，新生枝條碳氮比值小，從而也就相對加強了地上部的營養生長。

- 氨基酸及兒茶素的合成，它們的碳骨架來自糖代謝的中間產物；過多施用氮肥會提高氨基酸含量而降低茶多酚含量，進而影響製茶品質。

茶樹採摘

採摘是用食指與姆指挾住葉間幼梗的莖部，藉兩指的彈力將茶葉摘斷，採摘時間以中午十二時至下午三時前較佳，不同的茶採摘部位也不同，有的採一個頂芽和芽旁的第一片葉子叫一心一葉，有的多採一葉叫一心二葉，也有一心三葉。

茶芽

合理採摘的意義

1. 採摘芽葉的標準是因應製茶加工種類而不同。
2. 採摘後是否能不斷地取得高產優質之效果。
3. 採摘後增進樹冠面新梢密度和強度。
4. 調節採摘人力，提高生產率。

採摘季節：

春茶：立春─立夏

（立春→雨水→驚蟄→春分→清明→ 穀雨）

清明至立夏屬正春茶

夏茶：立夏─立秋

（立 夏→小 滿→芒 種→夏 至→小 暑→大暑）

小滿至小暑屬第一次夏茶（二水茶）

大暑至立秋屬第二次夏茶（六月白）

秋茶：立秋—秋分（白露茶）

冬茶：寒露以後

春茶：由於春季溫度適中、雨量充沛，加上茶樹經秋冬季之休養生息，使得春茶芽葉肥壯，色澤翠綠，葉質柔軟，低逆境而次級代謝物低，滋味鮮爽，香氣濃烈。在中國歷代文獻中都有「以春茶為貴」之記載。

夏茶：由於天氣炎熱，茶樹芽葉生長迅速，能溶解於茶湯的浸出物相對減少，使得茶湯滋味不及春茶鮮爽，香氣不如春茶濃郁，而且滋味較為苦澀。但夏茶所含高逆境而次級代謝物兒茶素及咖啡因含量較高，適合製造紅茶及白毫烏龍茶等滋味強烈、色澤鮮麗的茶。

秋茶：品質介於春茶與夏茶之間，茶樹經春夏兩季生長採摘，芽葉之內含物質相對減少，茶葉滋味、香氣顯得比較平和。

冬茶：水色及香味較春茶淡薄，然製成清香型之烏龍茶與包種茶，香氣細膩少苦澀為其特點。

採摘標準

茶是採茶樹新長出來的芽或葉製成，要「嫩」，纖維化老葉是不能拿來當原料的。但嫩中又有別，有些茶是愈嫩愈好，希望朵朵都帶有芽心，以嫩芽為主製成的茶類稱為「芽茶類」。但有些茶卻希望成熟一點的葉子，也就是等枝葉長熟後才採，以採較成熟葉為主製成的茶類稱為「葉茶類」。「葉茶類」的茶菁是等茶樹該季的新枝長熟，頂芽已開面葉，新芽不再繼續抽長之時，採下剛剛開面的二葉或三葉。最新開面的芽心會與前面一片新葉成「對口」的樣子，所以茶菁這時的狀況被稱為「對口二葉」，如

人工採茶

機械採茶

果第三葉還沒有變老，可以多採一葉，就稱為「對口三葉」。

開面葉的茶菁比較容易製成香氣，但滋味會嫌薄，所以最好摻雜20%～30%的帶芽茶菁，也就是在新枝尚未全部長熟之時就要開採。

「芽茶」就如同成長之中的青少年，「葉茶」就如同已經成熟不再長高了的成年人，以它們作原料製成的茶當然有其不同風味。

茶芽大小及勻整度是決定烏龍茶品質好壞的因素之一，同樣一心二葉或一心三葉採摘，茶芽還是有大小之分。以東方美人茶為例，茶芽貴在肥大而毛茸銀白。至於葉與葉之節間，無論哪一種茶皆以短而小者為佳，粗大而長則較不建議使用。

東方美人茶原料條件：
1. 季節：夏季芒種時期。
2. 採摘：嫩採帶心芽、白毫顯著。
3. 小綠葉蟬危害。
4. 品級：一心一葉→Finest to choice。
　　　　一心二葉→on fine。
　　　　一心三葉→full superior。

小綠葉蟬叮咬

「芽心」也稱為「芽尖」，會多少帶有茸毛，也會因品種的關係帶有較多或較少的茸毛，這些茸毛在「成茶」上會顯現出來，稱為「白毫」，所以只要看到茶名冠有「白毫」，如「白毫銀針」、「白毫烏龍」。就表示這種茶很強調白毫，它一定選用茸毛較多的品種，而且製造過程中盡量讓白毫顯現，即所謂的顯毫。有些芽茶不強調白毫，製造過程中將茸毛壓實，就成了所謂的「毫隱」，如西湖的「龍井茶」。

採摘期早晚可以決定葉的老嫩，對於成茶品質影響甚巨，因為隨著茶葉成熟度提高，水分含量會逐漸減少，使組織發生變異。氮素、兒茶素與芳香物質含量百分比會漸次減少，細胞質變稀，而灰分逐漸增加，因此成茶品質，色香味均逐漸低劣。適當的採摘期，應視茶芽大小，開葉數，茶芽色澤，含水分量與強韌性決定，茶樹品種和氣候也須參酌考慮。 製造綠茶鮮葉所含水分，通常要較其他茶葉為高時，才能得到優良品質。茶葉的採摘，以大陸綠茶而言，採摘愈早，品質愈好，尤其是製造龍井、大方、

茶葉種類	採摘標準
綠茶	初展細嫩之1心1葉 茶園整體茶菁對口芽10%以下
包種茶	1心2～3葉 茶園整體茶菁對口芽60～70%
高山茶、凍頂烏龍茶及鐵觀音茶	1心2～3葉 茶園整體茶菁對口芽20～30%
東方美人茶	採1心1～2葉 茶菁經小綠葉蟬吸食
紅茶	採嫩1心2葉 茶園整體茶菁對口芽10%以下

（摘自茶業改良場講義集）

毛峯和瓜片等高級綠茶，更須早採，才能製成優良品質之茶。普通最佳者為明前，其次為雨前，最遲不超過夏至，夏至以後如白露、霜降、秋茶、冬茶均粗老不堪，難得佳品。

臺灣製作茶類繁多，採摘在不同的茶類上，有不同的標準：

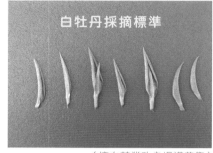

白牡丹採摘標準

（摘自茶業改良場講義集）

綠茶採摘標準

（摘自茶業改良場講義集）

凍頂烏龍茶採摘標準

（摘自茶業改良場講義集）

紅茶採摘標準

（摘自茶業改良場講義集）

主張嫩採之茶品

白毫烏龍（東方美人）：

為臺灣之名茶，其主要產地為臺灣新竹縣北埔、峨眉及苗栗縣頭份、頭屋等地。採收時要求細嫩且需受茶小綠葉蟬吸食的嫩芽才能摘採。由於茶芽需要小綠葉蟬的「危害」，才能生產特殊風味的東方美人茶，所以茶樹栽培過程甚少使用化學藥劑防治，以讓小綠葉蟬能存活於茶園。人工摘採受危害的嫩葉，加上精湛的加

工技術，如此才可產製具有特殊香味的茶葉，又因為製作過程繁瑣，產量有限，生產成本也比較高。

白毫銀針：

白毫銀針，屬於白茶類，產於福建省福鼎和政和等縣。是用福鼎大白茶和政和大白茶等優良茶樹品種春天萌發的新芽製成的。白毫銀針，由於鮮葉原料全部是茶芽，製成成品茶後，形狀似針，白毫密被，色白如銀，因此命名為白毫銀針。

白毫銀針的採摘十分細緻，要求極其嚴格，規定：
• 雨天不採、露水未乾不採。
• 細瘦芽不採、紫色芽頭不採。
• 風傷芽不採、人為損傷芽不採。
• 蟲傷芽不採、開心芽不採。
• 空心芽不採、病態芽不採。
稱十不採。

西湖龍井：

西湖龍井茶，因產於杭州西湖山區的龍井而得名。龍井，既是地名，又是泉名和茶名。龍井茶，向有色綠、香郁、味甘、形美四絕之譽。西湖龍井，正是三名巧合，四絕俱佳。

一般明前茶是西湖龍井的最上品，稱為一春茶，雨前茶是清明之後穀雨之前採的嫩芽，也叫二春茶，是西湖龍井的上品。採摘到立夏，這時的茶被稱為三春茶。

龍井茶依茶菁採摘標準分為只有嫩芽的稱為蓮心，一心1葉稱為旗槍，一心2葉稱為雀舌。

臺灣龍井茶品質外觀新鮮碧綠，形狀扁平狹長具白毫，茶湯碧綠清澈。

碧螺春：

指外觀就像翡翠的顏色一樣的翠綠；螺就是茶芽外形似田螺微小般彎曲；於春分前後採摘一心一葉之初萌芽之茶菁製成之綠茶。碧螺春品質外觀應新鮮碧綠，白毫多而顯，形纖細捲曲，茶湯碧綠清澈。一般製作高級碧螺春綠茶成品每0.5公斤可達6～7萬個茶芽，主要於清明節前採摘（明前茶）。

主張嫩採的產品：

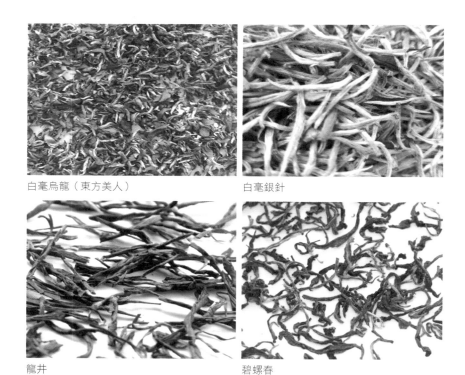

白毫烏龍（東方美人）

白毫銀針

龍井

碧螺春

一杯茶，能影響它的因子有很多，最主要的就是茶菁的品質製成茶葉後，茶葉裡水溶性的物質溶於水後則構成了茶湯。茶葉的色香味品質是茶湯化學成分的綜合表現，這些成分是那些，具備了什麼特質。

茶葉色香味的化學成分

1. 多元酚類（Polyphenols）

茶多元酚是茶葉中三十多種多元酚類物質的總稱，包括兒茶素、黃酮類、花青素和酚酸等四大類物質，是茶葉中含量最多之可溶性物質，約佔乾重之15～30%，佔可溶分中40～50%，具有苦澀味及收斂性。主要為兒茶素類（catechins）約佔多元酚類的80%，又可分為酯型兒茶素類與游離型兒茶素類兩種，具苦澀味，且大部份溶於茶湯中，是影響茶湯水色、滋味的主要物質。依品種特性而言，適製紅茶品種（如臺茶8號、臺茶18號、阿薩姆種）兒茶素類之含量高於適製綠茶及包種茶之品種（如青心烏龍、青大心冇等）。

不同季節之茶菁以夏茶所含的兒茶素類最高，其次為春、秋茶，最少者為冬茶。

依茶芽葉之成熟度不同來比較，發現兒茶素類含量隨茶芽葉片之成熟度增加而減少，並以梗部之含量最少。日本高級綠茶之生產過程在茶芽生育期間施以遮蔭處理，發現能有效阻止游離型兒茶素類之增加，而降低茶湯的苦味。綜上所述，可知各種兒茶素類在茶芽葉內不僅需維持適當含量，更需保持一定的組成比，才能製成品質優良的茶葉。在茶葉製造過程中，兒茶素類被茶葉本身所含酵素（多元酚氧化酵素）催化，發生氧化聚合反應產生茶黃質、茶紅質與其他有色物質。這種氧化作用同時成為其他成分，

黃烷醇類化合物（兒茶素類）在茶樹上之分佈

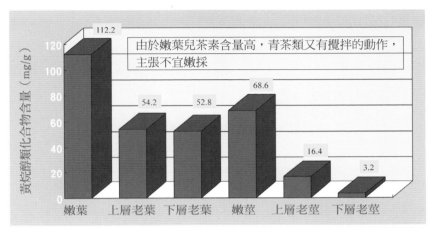

由於嫩葉兒茶素含量高，青茶類又有攪拌的動作，主張不宜嫩採

（摘自茶業改良場講義集）

如氨基酸類、胡蘿蔔素及脂質等變化之原動力，經一系列複雜化學變化，結果形成為影響香氣、滋味、水色及色澤的物質，這個反應過程就是所謂「茶葉發酵」。不同茶類，即為控制茶菁在不同發酵程度所成，由於兒茶素類的氧化聚合度不同，所得之茶葉在香氣、滋味及水色方面自然各具特色，兒茶素類可說是帶動整個茶葉發酵之關鍵物質，為茶葉成分中最重要的一種。

2. 氨基酸（Free amino acids）

茶中之游離氨基酸約有二十餘種，佔乾物重1～2%，佔可溶分8～10%，其中以茶氨酸（theanine）含量最多，佔總游離氨基酸的50～60%，是茶特有的氨基酸，帶甘味，主要存在於茶梗中。幾乎全部溶於茶湯中，因本身具有甘，酸或苦味，而與茶湯之滋味有關，同時亦是茶葉香氣的先驅物質進行Strecker degradation。茶葉焙火時氨基酸與還原糖間產生梅納反應產生醛類等揮發性成分，使茶葉具有焙火香。同時與多元酚類結合，和紅茶水色之生成也有關係。

茶樹生育季節中，春季因氮代謝作用旺盛，茶菁之心芽氨基酸含量最高，夏、秋季則較少。至於茶菁各部位的氨基酸分佈情形，與其他成分不相同者為茶梗含有多於心芽與葉片4～5倍之氨基酸含量，主要是由於梗部含有較高量之茶氨酸；就葉片而言仍以一心一葉的幼嫩部位為多，並隨葉片之成熟度而遞減。在製茶過程中各種氨基酸含量均見消長，但並無一定趨勢可循。

氨基酸含量的變動因素：
品　種　：　小葉種＞大葉種
季　節　：　春＞夏
部　位　：　細嫩＞粗老
梗　葉　：　梗＞葉
遮　蔭　：　遮＞不遮
含量變動還包括緯度、氣溫、日照、海拔等因素

春茶適採期新梢與老葉氨基酸含量之比較

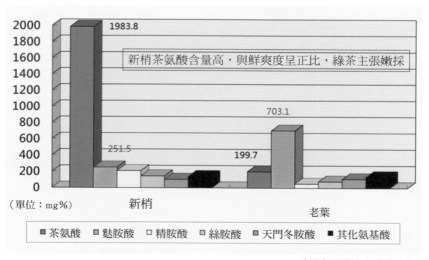

（摘自茶業改良場講義集）

3. 咖啡因（Caffeine）

茶葉中的咖啡因佔乾物重的2～4%，佔可溶分的8～10%，泡茶時約有80%溶於茶湯中，帶有苦味，為構成茶湯滋味之重要成分。在紅茶茶湯中，咖啡因與多元酚類等結合為複合物，茶湯冷後即凝集產生懸浮物，使茶湯呈現混濁現象，一般所謂的茶湯乳化現象（cream down），此為滋味濃厚、品質優良紅茶特性之一。茶葉內最安定的物質，含量與品種、季節、烘焙、芽葉部位有關。

茶葉中的咖啡因與咖啡中的咖啡因雖屬同一物質具有相同的化學結構式及生理作用，但由於茶與咖啡的化學組成分不同，茶中特有的兒茶素類及其氧化縮合物，可使茶中咖啡因的興奮作用減緩

而持續。因此，在疲勞時喝咖啡很快地可精神興奮也很快的消失；而喝茶時精神逐漸恢復，且持續較長的時間，所以説喝茶可使長途開車的人保持頭腦清醒及較有耐力，是有其道理的。夜間工作的朋友不妨與茶交個朋友，可讓（你）妳工作時更順心愉快。

4. 碳水化合物（Carbohydrates）

乾物量中4%，佔可溶分中11%，易溶於水，因具有甜味，故與品質有關，單糖及可溶性果膠質的進行增進茶湯濃度和甜醇滋味。

在製茶過程中由於呼吸作用等，有一部份澱粉質水解，亦發生代謝變化，果膠質也有分解之現象。

5. 色素（Pigments）

茶菁中有很多種色素物質，其中含量較多者為葉綠素及類胡蘿蔔素（carotenoids），兩種均為脂溶性，不溶於水，為非單一的化合物，是依不同比例的組織成分組合存在。

例如目前所知，類胡蘿蔔素至少有十四種之多，顏色亦有差異，各組成分因茶菁的老嫩而有不同的含量，造成各組成比例的變化，不同組成比例反應出不同的顏色。葉綠素與成茶外觀色澤（尤其是不發酵茶）有密切關係，綠茶的綠色主要是由葉綠素的顏色決定。鮮葉經炒菁後，葉中的活性物質被破壞，使葉綠素在鮮葉中被固定，形成綠茶特有的鮮綠外觀。如炒菁處理不當而使葉綠素分解形成綠褐色，將損及茶葉之外觀色澤。至於綠茶茶湯所具之淡黃綠色，主要是黃酮類及原來無色的物質，經輕度氧化而形成有色物為主體。

葉綠素因不溶於水，故在茶湯中不能形成呈色主體，而只呈現極微量的懸浮顆粒。類胡蘿蔔素之顏色只有在葉綠素因破壞而減少時才會顯現，綠茶乾中的黃褐色，有部分是類胡蘿蔔素所呈現出。在製茶過程中，已證實有部分類胡蘿蔔素會轉變為茶葉的香氣，所以被認為亦是茶葉香氣的先驅物之一。

6. 礦物質（Minerals）

茶葉中的礦物質（灰分）佔乾重的5～6％，其中60～70％為熱水可溶。茶湯中富含陽離子而陰離子較少，因此茶屬於鹼性食品（其灰鹼酸度為9.40），有幫助體液維持微鹼性，保持健康的功效；遊牧民族因肉屬酸性，因此不可一日無肉，是有其道理的。人體內含有二十多種礦物質，其中14種為人體所必需攝取及補充的：

大量需要：鈣、磷、鈉、鉀、硫、氯。

少量需要：鐵、銅、碘、錳、鋅、鈷、鉬。

其他存在者：氟、鋁、鈹、鉻、硒、鎘。

7. 維生素（Vitamins）

乾物量中0.5％，β-Carotene與紅茶香氣之生成有關。在製茶過程之變化製茶過程中有部份損失，Carotene為香氣之前驅體，產生Ionone等香氣成分。

8. 揮發性成分（Volatile constituents）

乾物量中0.01～0.02％，其成分複雜，包括醇、醛、酮及酸類等易揮發之成分，構成茶葉之香氣。在製茶過程之變化此類物質之組成及變化，至今仍有甚多未明之處，其種類多，含量少，增加研究上之困難。

茶葉香氣之形成：

- 田間生育生合成：包括不飽和脂肪族醇、芳香族醇、萜烯類等化合物及其衍生物，普遍具有青草香、花香及果香等不同香氣品質特徵。
- 製茶過程中形成：香氣前驅物質包括不飽和脂肪酸、類胡蘿蔔素、糖苷類物質及氨基酸等非揮發性物質，在茶葉製程中進行氧化降解及水解作用，形成茶葉不同香氣成分與風味特徵。
- 烘焙作用形成：糖與氨基酸加熱或烘焙進行梅納反應，產生pyrazine及pyrrole類等帶有烘焙香 味之化合物。

茶葉香氣形成的種類包括醇類、醛類、酮類、酯類、酸類、酚類、過氧化物類及含硫化合物類等揮發性性質，由於不同比例及組合,賦予各種茶類不同色香味的品質特徵。

芳香物質的特點：

(1) 種類多——近600餘種芳香物質，其中鮮葉50餘種，綠茶100餘種，部分發酵茶200餘種，紅茶500餘種，香氣種類隨著發酵程度之增加而增加。

(2) 含量低——綠茶中為0.005％～0.01％，紅茶中為0.01％～0.03％。

(3) 沸點差別大——決定着茶葉香氣的表現，影响着茶葉加工過程。

9. 有機酸（Organic acids）

乾物量中0.5％，佔可溶分中1％，可溶於水，量甚少，對品質影響很小。

茶葉魔術師
—— 發酵

茶葉的發酵

水色：綠→黃→紅

水色隨著發酵程度走

（摘自茶業改良場講義集）

 茶葉發酵名詞的研究歷史

「茶葉發酵」（tea fermentation）要瞭解其來龍去脈，至少必須追溯到1900年左右，這個名詞被沿用，有一段漫長艱辛的爭論與試驗證實之後（1900～1930）很長一段時間一直認為茶葉發酵就像一般「醱酵食品」之「醱酵」是由微生物引起，而且這理論一直很堅強，所以一直沿用這名詞。

1940年以前，茶葉發酵一直被認定為是由「微生物」所引起，這一派學者包括印度、斯里蘭卡、英國、蘇俄等強烈支持，很多學者推論茶葉發酵與一些細菌，酵母菌和霉菌有關，但在1916年俄人Bosscha and Brzskowky進行一系列研究，開始推測可能與細菌無關，而是由某些特殊的「催化物」（ferment）有關，但沒有明確證實，這一系列研究被認為是「重要里程碑」（研究茶葉發酵），但當時仍沒有人承認不是由微生物引起。直到真正1940年代由Bokuchava等人和Sreerangacha（1941，1943）明確分離出「茶多元酚氧化酵素」，並證實茶葉發酵是由這種酵素催化而形成，此後才完全推翻茶葉發酵是由微生物引起的理論。

換言之，我們懂「茶葉發酵」初步機制，至今不會超出60年。自1940年代以後提到茶葉發酵的研究，有兩位大人物一定會被提到，這兩位是研究茶葉化學歷史上最傑出的專家，我們真正懂得茶葉發酵後形成怎樣的產物，其機制為何，最主要就是E. A. H Roberts（英人）及G. W. Sanderson在1940年～1970年

代間，Roberts確認茶葉發酵最主要的反應是兒茶素的酵素氧化，他分離出「發酵產物」——茶黃質（theaflavins）與茶紅質（thearubigins）並命名，研究期間達十數年，與當時諾貝爾化學獎的分析技術是同水準尖端和傑出的。Roberts是最早利用色層分析技術鑑定分離出茶葉發酵產物的大功臣。

後來1960年代至1980間，Sanderson又花了很長時間以模型試驗才確立茶葉發酵的主反應（形成茶湯水色、滋味）、香氣形成及其他的連鎖反應。1964年日人Takino確立不同的兒茶素（酯型配游離型）怎樣形成茶黃質的化學反應式，非常重要的貢獻，讓後人瞭解茶葉發酵兒茶素怎樣變化？為什麼要花這麼多文字，重述「茶葉發酵」的研究歷史（其實已很簡短的概敘述而已），重點是讓大家瞭解這些人為了瞭解茶葉發酵，都花了十數年努力研究，才一步一步解開茶葉發酵之謎。而知識、真理的進步是累積的，也讓大家尊重Roberts和Sanderson兩位傑出的茶葉化學專家。

（內容摘錄蔡永生先生「茶葉發酵」相關文章報告）

兒茶素類（Catechins）

● **游離型兒茶素**(free type catechins)
　C (Catechin)　　　　　EC (Epicatechin)
　GC (Gallocatechin)　　EGC (Epigallocatechin)

> 甘甜少苦澀,較低溫度溶出

● **酯型兒茶素**(ester type catechins)
　CG (Catechin gallate)
　ECG (Epicatechin gallate)
　GCG (Gallocatechin gallate)
　EGCG (Epigallocatechin gallate)

> 多苦澀,較高溫度溶出

● **沒食子酸**(gallic acid)
　GA(Gallic acid)

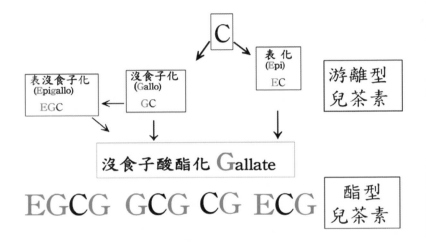

多元酚氧化酵素（Polyphenol oxidase）

1. 茶葉細胞內一種特殊的蛋白質
2. 能催化多元酚化合物形成有色物質，並引發一系列其他化學反應，對茶葉色香味品質形成，具有重要的作用。
3. 利用高溫破壞其活性停止發酵。

茶葉發酵基本概念

至今普遍認知茶葉發酵包括酵素性發酵及非酵素性發酵（或稱後氧化作用 自動氧化作用）等二種；狹義的「茶葉發酵」定義是指兒茶素的氧化作用——以多元酚氧化酵素為催化劑，氧化後形成二聚物（dimer）及茶黃質系列成分，再進一步則形成茶紅質混合物，前者是初步產物，已知結構，後者是一非均質大的混合物。

廣義的「茶葉發酵」定義，則泛指主反應兒茶素氧化後，形成色及滋味，會帶動「不飽和脂肪酸」、「類胡蘿蔔素」、「氨基酸」的氧化裂解，形成香氣，及許多其它已知和未知化學反應。在六大茶類中，白茶、青茶與紅茶的發酵是屬酵素性發酵；黑茶的後發酵為「非酵素性發酵」的多酚類自動氧化作用（也有科學家將黃茶歸類於此）。臺灣目前以生產部分發酵茶類中的青茶與全發酵的紅茶為主要特色，因此後續內容將會著墨於以「酵素性發酵」為首的發酵作用。

學術單位定義發酵程度為：
〔（鮮葉中兒茶素總量－成茶中兒茶素總量）÷（鮮葉中兒茶素總量）〕×100%

「酵素性發酵」是以各式酶類為催化劑，以鮮葉中茶多酚、氨基酸、醣類、脂類等有機化合物為底物進行分子間廣義的氧化還原

部分發酵茶

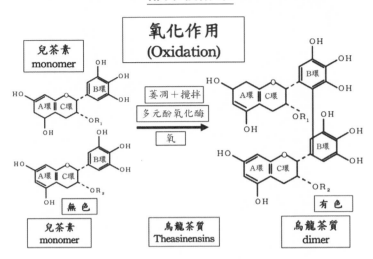

氧化作用
(Oxidation)

兒茶素 monomer

萎凋＋攪拌
多元酚氧化酶
氧

兒茶素 monomer

無色

烏龍茶質 Theasinensins

烏龍茶質 dimer

有色

全發酵茶

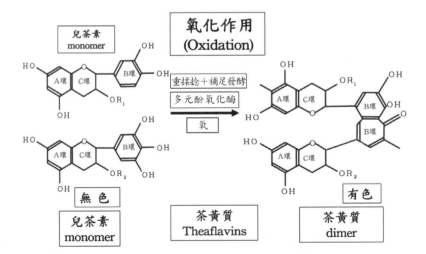

氧化作用
(Oxidation)

兒茶素 monomer

重揉捻＋補足發酵
多元酚氧化酶
氧

兒茶素 monomer

無色

茶黃質 Theaflavins

茶黃質 dimer

有色

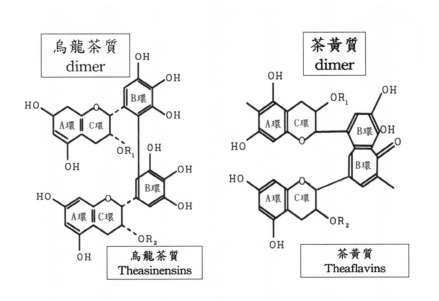

烏龍茶質A、D
　　（酯型EGCG的二聚物(dimer)）
烏龍茶質B、H
　　（酯型EGCG與游離型EGC的二聚物）
烏龍茶質C、E
　　（游離型EGC的二聚物）
烏龍茶質F、G
　　（酯型EGCG與酯型ECG的二聚物）

互為旋轉對應異構物
（Atropisomer）

反應，是形成青茶與紅茶品質的關鍵。酶為蛋白質的一種，其活
性受溫度影響；在青茶製造工序中，「炒菁」藉由高溫終止酶的
活性，固定青茶的發酵程度為目的之一。

六大類茶製程之比較

六大類茶包括綠茶類、黃茶類、白茶類、青茶類、紅茶類及黑茶類，其製法分別為：

綠茶：茶菁→炒菁（蒸菁）→揉捻→初乾→乾燥。
黃茶：茶菁→炒菁→悶黃→揉捻→初乾→乾燥。
白茶：茶菁→室內萎凋→乾燥。
青茶：茶菁→日光萎凋→室內靜置萎凋及攪拌→炒菁→揉捻→
　　　初乾→乾燥。
紅茶：茶菁→室內萎凋→揉捻→補足發酵→乾燥。
黑茶：茶菁→殺菁→揉捻→渥堆→乾燥。

以上茶類基本製程包括殺菁（白茶紅茶除外）、揉捻（白茶除外）及乾燥等步驟；若加上萎凋步驟則衍生為白茶類，加上萎凋及攪拌步驟則衍生為青茶類，加上悶黃步驟則衍生為黃茶類，加上渥堆步驟則衍生為黑茶類，加上萎凋及渥紅步驟則衍生為紅茶類，如此一來製茶方法更具系統化。

基本上白茶類、青茶類及紅茶類製程皆由萎凋步驟開始，促使葉質柔軟以利進行酵素性發酵；攪拌是青茶類製程獨有的步驟，動作的時間及力道的不同就衍生了輕、中、重三種不同發酵程度。六大茶類都必須歷經乾燥步驟，保持3～5％乾燥度，以利茶葉的儲藏。

特色茶類製程之比較

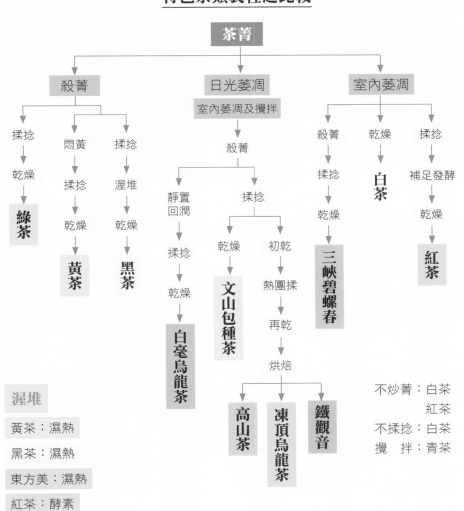

茶菁

殺菁
- 揉捻 → 乾燥 → **綠茶**
- 悶黃 → 揉捻 → 乾燥 → **黃茶**
- 揉捻 → 渥堆 → 乾燥 → **黑茶**

日光萎凋
室內萎凋及攪拌
殺菁
- 靜置回潤 → 揉捻 → 乾燥 → **白毫烏龍茶**
- 揉捻
  - 乾燥 → **文山包種茶**
  - 初乾 → 熱團揉 → 再乾 → 烘焙
    - **高山茶**
    - **凍頂烏龍茶**
    - **鐵觀音**

室內萎凋
- 殺菁 → 揉捻 → 乾燥 → **三峽碧螺春**
- 乾燥 → **白茶**
- 揉捻 → 補足發酵 → 乾燥 → **紅茶**

渥堆

黃茶：濕熱

黑茶：濕熱

東方美：濕熱

紅茶：酵素

不炒菁：白茶　　紅茶

不揉捻：白茶

攪　拌：青茶

酵素性發酵茶類之製程分析

茶葉的發酵（酵素性發酵）

發酵三要素：

兒茶素類（Catechins）

多元酚氧化酵素（Polyphenol oxidase）

氧氣（Oxygen）

↓

氧化作用

↓

香氣的形成

其他連鎖反應

↓

色、香、味

兒茶素類（Catechins）及多元酚氧化酵素（Polyphenol oxidase）分別位於芽葉細胞液泡 (Vacuole）及原生質（Cytoplasm）內，在正常細胞這二個物質不會接觸而進行氧化作用，必須經過細胞破壞的製程，兒茶素類及多元酚氧化酵素接觸而進行氧化作用。

茶 類	白 茶	青 茶	紅 茶
	↑	↑	↑
芽葉細胞破壞製程	重萎凋	萎凋及攪拌	重揉捻 渥堆補足發酵
發酵程度	輕發酵	輕、中、重 發酵	全發酵

芽葉細胞破壞製程：

基本上酵素性發酵的茶類包含重萎凋製程而輕發酵之白茶類、不同萎凋及攪拌程度製程而製造輕中重不同發酵程度之青茶類及重揉捻＋渥堆補足發酵製程而全發酵之紅茶類。

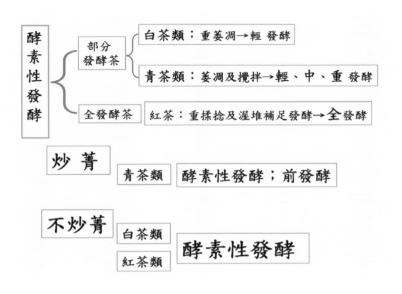

一、白茶類發酵原動力——萎凋

剛採的芽葉含水量高（約75～80％），細胞呈飽水狀態，芽葉鮮活膨硬，在萎凋過程中茶菁水分因葉面蒸發作用散失。茶菁失水過程約有86%是由葉片下表皮氣孔散失，約13%是經由葉緣水孔散失，約1%由採摘傷口散失。由於芽葉水份蒸發，使其彈性、硬度、重量和體積降低，此現象即為物理性萎凋。環境中相對溼度是直接因子，當相對溼度增加時，芽葉蒸發速率降低，若相對溼度降低時，蒸發速率增加；溫度是間接因子，當溫度升高時，相對溼度降低，進而蒸發速率增加；當溫度降低時，相對溼度增加，進而蒸發速率降低。

細胞水分的消散，導致細胞膜的半透性消失，原本在細胞中被胞膜分隔的成分即滲入細胞質內而相互接觸，藉著酵素的催化作用，進行複雜的氧化聚合化學變化，並同時成為其他成分如氨基酸類、

胡蘿蔔素或脂類等變化的原動力，經過系列複雜的化學變化，產生茶葉特有的香氣、滋味及水色等，此現象稱為生化性萎凋。

影響萎凋之因子

內在因素：

1. 葉中水分狀態及含水量

   水分狀態：游離狀態、結合狀態。

   水分蒸發之規律性：

   第一階段：15～20％游離水迅速消失。

   第二階段：結合水，蒸發較慢。

   第三階段：細胞進入脫水時期，蒸發速率比第二階段快。

2. 鮮葉的構造與組織

   氣孔的大小、數目（小葉種＞大葉種）。

   柵狀及海綿細胞之分佈（柵狀比海綿細胞多，萎凋快）。

   葉之厚薄、老嫩與大小（薄＞厚、老＞嫩、大＞小）。

外在因素：

1. 大氣濕度與氣壓

   相對濕度→氣壓差→蒸發量。

   ※相對濕度低於100％，最好在70％左右。

2. 溫度

   ・溫度→相對濕度→蒸發量。

   ・1公升空氣＋4公克水蒸氣→相對濕度76％→溫度增加5℃則相對濕度降為54％。

   ・溫度會影響製程中物理變化及化學變化。

3. 風

   東風——空氣潮濕，芽葉水分難蒸發。

   西風——空氣太乾燥，紅梗多。

   南風——氣溫及濕度高，不宜製茶。

   北風——氣溫及濕度適宜，可製好茶。

4. 光

   強光＞弱光。

白茶類屬重萎凋輕發酵之茶類，亦是綠、黃、白、青、紅、黑等六大茶類之一，原產於福建，產銷歷史頗為悠久，早自1891年即有外銷。白茶製法非常簡易，傳統製法是採摘細嫩葉背多茸毛的芽葉，白茶對茶菁原料要求非常嚴格，必須晴天採摘，講求「三白」，即嫩芽及初展第一、二葉之葉背需密披白色茸毛。這樣製成的白茶才能達到綠面白底，即葉面呈黛綠或翠綠，葉背披覆白色茸毛，成茶之芽葉完整，密被白毫，色白如銀，故稱之為「白茶」。

在臺灣茶區，成茶以茶湯黃亮，毫香顯，滋味鮮活甘甜之臺茶17號最適合製造白茶。其重萎凋時間相對較長（36～72小時），端視室溫及相對濕度的製茶環境而定，接著不炒不揉，晾晒至乾。重萎凋發酵製程極為輕微緩慢，其發酵程度在5%以下，由於不炒、不揉、不攪拌，僅依賴長時間靜置攤薄萎凋，最後以溫火乾燥。製程省工，頗能符合近年來本省製茶勞力不足所面臨之問題。

白茶由於長時間靜置萎凋，氨基酸含量頗高，其滋味因而鮮醇甘爽，香氣清純，湯色淡黃明亮，外觀則白毫肥壯，芽葉整齊自然。白茶應以2%濃度100℃沸水沖泡，浸泡5～7分鐘為原則，浸泡時間如超過8分鐘，隨時間延長，白茶各項品質隨之劣變。

儲藏一段時間後除形狀外，品質均有明顯改變，成茶色澤由鮮綠色逐漸轉變為黃綠色，茶湯水色變黃，香氣與滋味變劣，均有陳味產生。因高溫儲藏導致品質劣變的化學反應快速進行，白茶屬於重萎凋輕發酵之茶類，其所含之成分大部份未氧化，在儲藏期間易氧化，又未經烘焙，在高溫下不僅成茶鮮綠色之外觀極難保存，茶湯水色變黃褐色，而一些與茶葉香氣有關的不飽和脂肪酸

白茶類　　　　　　　　口訣：一輕一重三個不

- 源於福建省建陽縣。

  1800年後創製，加工簡易。

  講究原料要具白毫，即三白，指嫩芽、一葉及二葉白。

- 傳統白茶製程：

$$茶菁 \longrightarrow \boxed{室內萎凋} \longrightarrow 乾燥$$

- 可分為：白毫銀針（芽）、白牡丹（一心二葉）、貢眉（一心二葉、三葉）、壽眉（葉）。

取

白牡丹

貢眉

壽眉

在高溫下也極易氧化生成醛、醇類揮發性成分，導致陳茶味及油耗味之生成。因此，要維持茶葉原有之新鮮感與風味，低溫儲藏是最直接有效的方法。

二、青茶類的發酵原動力——萎凋及攪拌

部分發酵茶之製造包括日光萎凋、室內靜置萎凋及攪拌、炒菁、揉捻及乾燥等步驟，與紅茶及綠茶之製造方法相比較，其製造過程繁瑣且細膩，關係著色、香、味製茶品質，若再利用自動化機械生產、攸關產品的品質管制、穩定性之提高及降低生產成本，其製作技術必須不斷地創新及改進，其製程分述如下：

（一）日光萎凋

日光萎凋之目的為芽葉原料藉著太陽光或熱風的熱能加速水分散失，以利後續靜置萎凋及攪拌之操作。製造包種茶進行日光萎凋時其溫度以30～35℃、萎凋10～30分鐘為宜，茶菁原料重量約減少8～15%。由於日光受自然環境氣候之影響，尤其高山地區常受濃霧籠罩，日照時間較短，或春茶期間適逢梅雨季節或陰天，往往茶菁萎凋工作受到影響，因此降低製茶品質，以熱風或含有紅外線之混合光替代，可解決茶農產茶期因天候不良無法充份萎凋之限制。

日光萎凋

（二）室內靜置萎凋及攪拌

攪拌的意義：

　　一搖勻（走水）

　　二搖活（走水）

　　三搖味（發酵）

　　四搖香（發酵）

攪拌程度一般視萎凋程度調整，嫩葉攪拌程度宜輕，老葉宜較重。攪拌前因葉片失水故較為皺縮，攪拌後因梗水重新分佈，葉片回潤富含彈性。

部分發酵茶之發酵作用主要是由萎凋步驟開始，所以日光萎凋和室內靜置萎凋配合攪拌動作，是製造部分發酵茶之重要步驟，是衍生特有色、香、味品質重要步驟。此步驟處理是否得宜，為影響製茶品質好壞的關鍵，包種茶的香氣強弱，取決於萎凋和攪拌的技術。

萎凋過程中每一階段水分變化，是提高茶葉品質的重要技術，避免芽葉因積水現象導致滋味菁澀、香氣不揚、水色偏黃及色澤暗綠；及芽葉因消水導致滋味淡薄、香氣不揚、水色淡綠及色澤黃綠之品質；適宜之萎凋條件為室溫22～25℃及相對濕度70～80%之製茶環境，控制芽葉水分蒸發而力求茶葉色、香、味之表現。

攪拌前（上）、攪拌後（下）

手動式攪拌　　　　　　　　　　　　　　　　　機械式攪拌

攪拌的目的致使葉緣細胞破損而產生物理及化學性一系列變化，對部分發酵茶而言它是必須性的步驟；攪拌動作隨次數增加而漸次加重及時間增長；嫩採原料動作宜輕而老採宜稍重，使梗液擴散至葉面、俗稱「走水」，芽葉水分蒸發均勻，力控茶葉適宜的發酵程度為目標。部分發酵茶萎凋及攪拌過程中使芽葉呈現「三分紅、七分綠」，葉脈色淡、莖部走水消散、葉片柔軟而散發悅鼻芳香。萎凋及攪拌過程中發生的化學變化：

(1) 蛋白質分解成氨基酸，可做為其他化學反應的基質，與茶葉之香氣、滋味、水色之形成關係極為密切。

(2) 醣類被消耗做為能源，推動其他生化反應，產生與色、香、味有關的成分。

(3) 有機酸含量增加，影響茶湯水色、滋味及口感。

(4) 多元酚氧化酵素活性增高，促進茶葉發酵作用的進行。

(5) 葉綠素被分解破壞，影響成茶色澤。

(6) 產生揮發性成分，茶葉香氣的主要來源之一。

(7) 兒茶素類氧化縮合生成烏龍茶質，與茶湯水色及滋味的形成有關。

青茶類萎凋攪拌步驟芽葉水分行進路線

走水

梗部→主脈→側脈→細脈
→薄壁細胞→細胞間隙→
氣孔（86％水分經由氣孔
散失）

側脈
主脈　細脈
（摘自茶業改良場講義集）

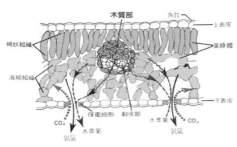

製茶三部曲

主脈　側脈　細脈

走水走得 順　走水

（摘自茶業改良場講義集）

| 菁味 |
| （醛類） |

趨菁趨得 透　趨菁

（摘自茶業改良場講義集）

| 花香 |
| （Indole） |
| 甜香 |
| （酯類） |
| 花果香 |
| （萜烯類） |

發酵發得 當　做香

萎凋及攪拌程度之變化可製成不同發酵程度之茶類，包括：(1)重萎凋不攪拌→白茶；(2)輕萎凋輕攪拌→文山包種茶；(3)中輕萎凋中攪拌→半球形包種茶；(4)重萎凋重攪拌→白毫烏龍（椪風茶）等種類，使臺灣特色茶更具多樣性。

鐵觀音與東方美人茶之比較

茶類	主要品種	主要產地	採摘	小綠葉蟬危害	日光萎凋程度 (%)	萎凋程度	攪拌程度	發酵程度
鐵觀音	鐵觀音	木柵	成熟採	×	5～10	中	重	中
東方美人茶	青心大冇	桃竹苗	嫩採	√	25～35	重	重	重

茶類	炒後悶	團揉	烘焙	形狀	色澤	水色	香氣	滋味	茶黃質
鐵觀音	×	√	重	球形	褐綠	琥珀	焙火香	焙火韻味	×
東方美人茶	√	×	×	花朵形	白黃紅褐	橙黃～橙紅	蜂蜜香	熟果味	√

部分發酵茶類萎凋及攪拌程度之比較

茶類	萎凋程度	攪拌程度
文山包種茶	輕	輕
高山茶	輕	中
凍頂烏龍茶	中	中
鐵觀音茶	中	重
白毫烏龍茶	重	重

部分發酵茶類萎凋及攪拌程度之比較

茶　類	萎凋程度	攪拌程度	炒菁前茶菁特徵
文山包種茶	輕	輕	綠葉鑲綠邊
凍頂烏龍茶	中	中	綠葉鑲紅邊
白毫烏龍茶	重	重	葉面1/3至2/3呈紅褐色

文山包種茶 （摘自茶業改良場講義集）　傳統凍頂烏龍茶 （摘自茶業改良場講義集）　東方美人茶 （摘自茶業改良場講義集）

萎凋及攪拌製程菁味變化：

無味→淡味→淡菁→濁菁→臭菁→ 菁→菁香→香

發酵不足→綠茶味、菁味、味淡

發酵不當→菁澀、水色黃、色澤暗綠

製茶環境：

溫度：22～25℃適宜茶菁原料之室內萎凋

溼度：70～80％相對濕度適宜製茶環境

風：東風——空氣潮濕，芽葉水分難蒸發

　　西風——空氣太乾燥，紅梗多

　　南風——氣溫及濕度高，不宜製茶

　　北風——氣溫及濕度適宜，可製好茶

（摘自茶業改良場講義集）

（摘自茶業改良場講義集）

製茶工廠

三、紅茶發酵的原動力——萎凋＋揉捻＋補足發酵

紅茶的創始並不可考，後人推測約在明代中葉，始於福建省崇安
星村鎮（正山小種）。十七世紀引進歐洲，初期為貴族專屬飲品，
之後逐漸走入平民，目前為全世界產量及飲用量最高的茶類。

傳統紅茶製程茶菁經室內萎凋後，藉由揉捻破壞葉片（細胞破壞
率＞85％）使酵素與多元酚物質完整作用產生香氣物質及有色物
質（茶黃質、茶紅質），為全發酵茶類（80～90％以上）。

（一）室內萎凋

茶菁含水量一般在75%左右，此時葉部組織呈硬脆狀態，如直接
進行揉捻，不僅茶菁容易破碎，難以卷曲成條，且茶汁流失後會
使製成之紅茶品質降低。因此，萎凋主要目的是使茶菁均勻散失
適量的水分，減少細胞張力，促使葉質柔軟，增加茶葉韌性，為
揉捻創造有利的條件。

· 萎凋期間茶菁逐漸失水，伴隨著引發內含物質發生一系列的
化學變化，如多元酚氧化酵素（polyphenol oxidase）和過氧化
酵素活化，不可溶性物質水解為可溶性物質，茶葉菁味成分揮
發，減少菁臭氣等，均有利於茶葉香氣與滋味的形成與發展。

· 要製好茶的先決條件是要有好的茶菁及良好的氣候環境，為使
茶菁原料能發揮最高價值，控制萎凋期間茶菁的失水量和失水
速率就顯得格外重要。一般紅茶萎凋至茶菁重量減少約30～
55％之間，此時萎凋葉表面失去光澤呈暗綠色，茶菁葉質柔軟，
嫩梗折而不斷，青草氣減低並透出清香，即可進行揉捻作業。

‧ 若萎凋不足，葉質硬脆，揉捻時茶汁流失，發酵度不易控制，製成毛茶碎片多，香低味淡；但若茶菁萎凋過度，葉乾硬難以揉出茶汁，揉後條索不緊結，發酵不易均勻，成茶香低滋味淡薄。

‧ 一般萎凋環境之溫度、濕度、通風條件和攤葉厚薄對茶菁失水有直接影響。在高溫低濕環境下萎凋，由於萎凋葉之蒸氣壓力差增大，水蒸氣擴散速度加快，由於葉片水分蒸發過快，將不利於茶葉內含物質的化學變化。

室內萎凋

（以上2圖摘自茶業改良場講義集）

紅茶室內萎凋

紅茶萎凋槽

・攤葉厚度主要影響到葉片間通氣效果，攤葉過厚，氣體之穿透受影響，相對地增加葉片間之相對濕度，故適度送風，使空氣由葉面經過，吹散葉面水汽，降低葉片間之空氣濕度，使葉片內外蒸氣壓差加大，可促進茶菁萎凋速率。

萎凋速度受溫濕度、通風條件與攤菁厚度影響

萎凋程度：原則上茶菁減少重量約30～55％。

大葉種春茶減重宜在45～55％。

大葉種夏茶減重宜在40～50％。

大葉種秋茶減重宜在30～40％。

小葉種減重宜在30～45％。

（二）揉捻

藉由機械力（擠、壓、搓、撕、捲）的作用使萎凋茶菁捲曲或成條索狀；揉捻過程茶葉細胞受破壞使茶汁迅速流出，開始劇烈發酵。揉後茶汁沾著茶葉表面，乾燥後色澤烏潤有光澤。沖泡時可溶物質易溶於茶湯，增加茶湯濃稠度。

萎凋葉在揉捻筒內受多方面力的作用，揉捻時應掌握「輕、重、輕」加壓原則，使葉片在桶內搓揉翻滾，並以葉脈為中心扭捲成條。因揉捻初期不加壓或輕壓，可使葉片初步成條，然後再逐步加壓，收緊茶葉條索，結束前再減壓，使茶汁吸附，但揉捻時仍需視茶菁老嫩靈活運用。 揉捻時間長短影響製茶品質甚大，對於工廠製造能力亦有關係，一般以90至150分鐘為宜。 隨著萎凋葉揉捻之進行，也是多元酚化合物氧化之開始，並隨揉捻時間之延

長逐漸加劇，故一般算紅茶發酵時間常以揉捻為啟始點。充分揉
捻是發酵的必要條件，揉捻應使葉肉細胞損傷率超過85%以上，
且條索捲曲，茶汁外溢，粘附葉表面，如揉捻不足，將使茶葉發
酵不良，茶湯滋味淡薄並帶有菁臭味。

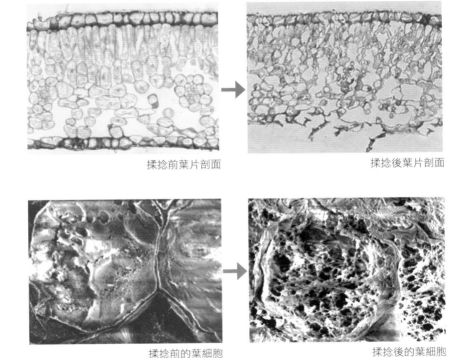

揉捻前葉片剖面　　　　　　　　　　　　　揉捻後葉片剖面

揉捻前的葉細胞　　　　　　　　　　　　　揉捻後的葉細胞

紅茶主要揉捻機種類

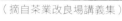

JACKSON 型揉捻機　　　　C.C.C 型揉捻機　　　　　（摘自茶業改良場講義集）

改良式小型紅茶揉捻機　　　馬式揉捻機

紅茶揉捻DIY

壓切
Crushing

撕
Tearing

捲
Curling

CTC紅茶

（三）渥堆補足發酵

渥堆發酵為影響紅茶品質之重要關鍵，揉捻結束時發酵尚未完全，需經過補足發酵處理，才能使茶葉繼續完成內含物質的轉化，形成紅茶特有的色、香、味品質。發酵過程中使葉溫保持在30℃，發酵室溫度維持25℃左右，並不斷供給濕度高之新鮮空氣。為使發酵能順利進行，須保持適當的含水量，發酵室相對濕度約以95%最理想。

茶葉中的多元酚氧化酵素催化兒茶素氧化聚合形成茶黃質及茶紅質等氧化物。

茶黃質與紅茶茶湯之水色、明亮度、鮮爽度、收斂性有關，茶黃質愈高，茶湯明亮，活性高及收斂性強。

$$\text{兒茶素類} \xrightarrow[\text{萎凋＋揉捻＋補足發酵}]{\text{多元酚氧化酵素＋氧}} \begin{array}{c} \text{茶黃質} \\ \text{茶紅質} \end{array} \longrightarrow \begin{array}{c} \text{形成紅茶水色} \\ \text{與滋味} \end{array}$$

茶紅質，影響茶湯顏色、刺激性較小、具收斂性，滋味甜醇。

發酵程度掌控將直接影響紅茶品質

葉部色澤由青綠、黃綠、黃紅、紅、褐紅、暗紅。
發酵不足時，成茶色澤不烏潤，茶湯水色欠紅，帶菁氣，滋味菁澀。
發酵過度則出現酸餿味，成茶色澤枯暗，水色偏暗，香氣低悶且滋味平淡。
當發酵葉片菁氣消失，葉色變紅且香氣轉為清香、花香及果香，表示發酵程度適中，可進行乾燥。

| 重揉捻後渥堆發酵前 | 渥堆發酵過程 | 渥堆發酵後 |

凝乳現象（cream down）

- 茶乳（tea cream）：紅茶茶湯冷卻後形成之不溶性聚合物。
- 由高含量茶黃質、茶紅質及咖啡因聚合而成。
- 茶黃質比例高，茶乳明亮；茶紅質比例高，茶乳混濁色暗易沉澱。
  （茶黃質：茶紅質：咖啡因＝17：66：17）
- 由凝乳現象可做為判斷紅茶品質優劣的參考。

（摘自茶業改良場講義集）

紅茶製程中兒茶素含量之變化

	mg/g（乾物重）
萎凋葉	115±10
揉捻初期	65±7
揉捻中期	45±5
揉捻後期	28±3
渥紅發酵	15±2
乾燥	5±1

紅茶製程中葉綠素含量之變化（鮮葉為100）

揉捻時間（分）	葉綠素
萎凋葉	73
30	55
60	46
90	37
120	30

紅茶製程葉綠素破壞機制

渥堆發酵後

1. 葉綠素分解酶。
2. pH值↓，氫離子增加而取代鎂（Mg），形成脫鎂葉綠素。
3. 紅茶發酵產物氧化葉綠素。
4. 茶紅質與蛋白質結合而沉於葉底。

發酵與香氣和水色之形成

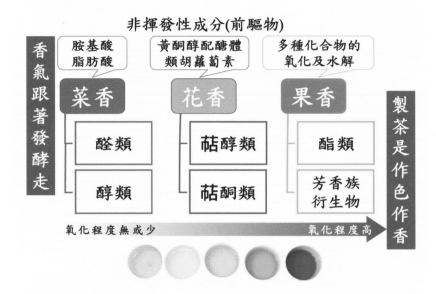

非揮發性成分(前驅物)

香氣跟著發酵走

胺基酸 脂肪酸	黃酮醇配醣體 類胡蘿蔔素	多種化合物的 氧化及水解
菜香	**花香**	**果香**
醛類	萜醇類	酯類
醇類	萜酮類	芳香族 衍生物

製茶是作色作香

氧化程度無或少　　　　　　　　　　氧化程度高

紅茶製程中成分之變化

1. 茶多酚：參與茶葉發酵而減少，生成茶黃質、茶紅質和茶褐質。
2. 糖類：單糖及可溶性果膠質增加增進茶湯濃度和甜醇滋味。
3. 氨基酸：萎凋階段明顯增加，以後製程由於參與香氣和茶紅質之形成而減少。
4. 咖啡因：相當穩定的物質，與紅茶品質的相關係數0.86，與茶黃質和茶紅質形成絡合物，產生凝乳現象（cream down）。
5. 香氣：萎凋、揉捻及渥堆發酵是紅茶香氣形成的重要階段；芳樟醇、香葉醇、苯甲醇及水楊酸甲酯等香氣成分增加，因此紅茶普遍具有花果香。

臺灣青茶類製茶技術的獨門絕活——發酵與烘焙

青茶類發酵的原動力——萎凋與攪拌

茶葉精製作業——烘焙

PART-4

肆

茶葉化粧師
——烘焙

茶葉烘焙是溫度及時間的效應，臺灣製茶技術之獨門絕活，在各種形形色色的不同發酵程度茶類當中，包種茶（尤其是球型包種茶，俗稱烏龍茶）是最為講究烘焙技術，以改善品質或延長儲藏壽命及因應消費市場口味需求的一種茶類；可以說很少茶類之加工需要像半球型包種茶在乾燥完成之後，仍需耗費如此龐大之人力、物力和時間再行烘焙茶葉。

烘焙必須先完成去菁、去雜及去水為首要條件，再視不同茶類品質之需求再加溫進行梅納反應，以俾色香味品質的改變，因應市場之需求。

茶葉烘焙的目的

一、降低茶葉含水量至3%到5%，防止儲藏期間品質劣變，延長儲藏壽命。

二、藉烘焙去除初製茶菁味及其他雜味，可改善茶葉品質。

三、食品烘焙的梅納（maillard）反應，氨基酸與還原醣加溫引起化學變化，產生茶葉烘焙特性之香氣和滋味。

烘焙屬非酵素性褐化反應（又稱為「梅納反應」）是由法國人梅納氏在1912年最先提出，雖然距離現在已經很久，但是到今天，梅納反應依然受到食品加工業和食品科學家的注意，並且大大地影響到很多食品的製造和儲存。梅納反應，是一種廣泛分布於食品中的非酵素褐變反應。它指的是食品中的還原糖（碳水化合物）與氨基酸／蛋白質在加熱時發生的一系列複雜的反應，其結果是生成了棕黑色的大分子物質類黑精或稱擬黑素。除產生類黑精外，反應過程中還會產生成百上千個有不同氣味的中間體分子，包括還原酮、醛和雜環化合物，這些物質為食品提供了宜人可口的風味和誘人的色澤。

俗話說：「茶為君，火為臣，君臣佐使。」也就是在進行茶葉烘焙時，應優先考量茶葉的本質特色，要先了解其本身的香氣滋味的優缺點，再決定要如何設定烘焙火力。火候的運用要能夠襯托

並帶出茶香，若茶葉本質較差要能改善其香氣，須注意不應使火候過頭蓋住茶葉本身的風味，否則便是本末倒置，配角掩蓋主角的鋒芒。

梅納反應

是一種廣泛分布於食品中的非酵素褐變反應。它指的是食物中的還原糖（碳水化合物）與氨基酸／蛋白質在常溫或加熱時發生的一系列複雜的反應，其結果是生成了棕黑色的大分子物質類黑精或稱擬黑素。除產生類黑精外，反應過程中還會產生成百上千個有不同氣味的中間體分子，包括還原酮、醛和雜環化合物，這些物質為食品提供了宜人可口的風味和誘人的色澤。

茶葉烘焙機具之介紹

目前農家及市面上常用之烘焙方式可分為炭焙、電熱式焙籠、紅外線烘焙及箱型焙茶機等四種方式：

一、炭焙乃古老傳統式之烘焙技術，不同炭材對烘焙品質之影響，龍眼炭優於相思炭，唯龍眼炭量少且優，但炭材較不易取得。整體而言，炭焙可得特殊炭焙風味之成茶，其儲

傳統炭焙

藏性亦略優於其它焙茶方式。但操作過程繁複，包括炭焙起火、燃燒、覆灰、溫度控制等，不僅耗時費力，且需專業性和經驗，為一極不容易控制之茶葉烘焙方式。

二、電熱式焙籠主要靠電熱絲加熱及熱傳導進行烘焙，屬一種開放式之烘焙，因此較耗費能源；然而市售之電熱式焙籠規格有數種，端視茶葉烘焙數量而選擇電熱式焙籠之規格，家庭式或少量烘焙時大多採用電熱式焙籠烘焙方式。

電焙籠

三、茶葉在2.75～3.75及5.8～11微米範圍有好的吸收峰，穿透力強，因此紅外線烘焙方式其品質較均勻及節約能量。然而由於未大量生產且成本較高，目前市面上占有率較低。另外，附裝紅外線面板之電焙籠，與單純電焙籠焙茶之不同，在於另附可放射紅外線之面板於電熱絲上層，藉紅外線加熱（係輻射加熱）可同時加熱物質內部溫度分佈均勻，烘焙所得品質較箱型焙茶機或單純電焙籠佳，儲藏性亦略佳。唯所面臨之缺點如同電焙籠，即作業效率及烘焙容量較低，且較為耗時費力。

四、箱型焙茶機烘焙茶葉，為目前臺灣使用最廣泛的茶葉烘焙方式。箱型焙茶機如同電熱式焙籠係採電熱絲加熱及熱傳導進行烘焙，且為密閉式及附帶送風循環焙茶機烘焙，其優點為：

電烘箱

　1. 機具發展成熟及量產化，具多種規格、型式可選擇。
　2. 溫度控制最為準確，正負溫差很少超出2℃。
　3. 操作容易，且省時省力，烘焙容量和效率高。

由於箱型焙茶機操作簡易又烘焙容量大（效率高），同時不易面臨烘焙失敗之缺點，所以目前仍為臺灣茶農及茶工廠使用最為廣泛的茶葉烘焙機具。臺灣目前農村勞力缺乏，工資昂貴，利用省時省工的焙茶機烘焙為最佳選擇，唯利用箱型焙茶機烘焙之茶葉，其品質略遜於炭焙或電焙籠（附裝紅外線面板）所烘焙的茶葉，儲藏性亦相對較差。

臺灣特色茶烘焙條件之探討

安全溫度：低於80℃溫度烘焙，對茶湯水色、香氣及滋味之變化極微。

臨界溫度：100℃之烘焙溫度，對茶湯黃色成分，香氣低沈及滋味「熟氣」有輕度之改變，各種茶之品質特徵其烘焙時間須作適當之調整。

危險溫度：120℃以上溫度烘焙，對茶葉香氣、滋味及水色會產生劇烈的變化，因此甚少採取120℃以上溫度且長時間之烘焙。

茶葉的烘焙

高山（蜜黃）

凍頂（金黃）

鐵觀音（琥珀）

水色：綠→黃→褐

烘焙程度與茶湯水色之變化

臺灣特色茶中，包括不發酵茶類之龍井茶及碧螺春、重發酵茶之白毫烏龍茶及全發酵茶之紅茶，它們是不講究烘焙，其品質之優劣決定在於茶菁原料及製程技術嚴謹與否。至於部分發酵茶包括條形及球形包種茶（俗稱烏龍茶），它是講究烘焙技術之茶類，其中尤以球形包種茶為最，又因烘焙程度不同，可分為清香及焙火著重喉韻兩大形態之茶類，添增茶葉複雜性及多樣性之品質，給予消費市場多口味之選擇。

臺灣特色茶發酵及烘焙程度之比較

茶　　類	發酵程度	烘焙程度
龍井茶	無	無
碧螺春	無	無
文山包種茶	輕	輕
高山茶	中	輕
凍頂烏龍茶	中	中
鐵觀音茶	中	重
白毫烏龍茶	重	無
紅茶	全	無

文山包種茶

文山包種茶具有特殊花香，其特有成分為五環內酯類、六環內酯類及茉莉內酯，雖然這些內酯類含量甚微，但對包種茶特有的花香有很大的貢獻。對香味品質俱佳的優質包種茶，其烘焙溫度以

70～80℃左右為宜，切忌高出90℃，以免破壞其原有的幽雅香氣，產生熟味而降低香氣品質。另一方面，唯保有其鮮爽甘滑而帶活性之滋味品質，避免烘焙時間過久及後氧化之效應而破壞品質。因此著重清香之文山包種茶初期烘焙溫度以80℃及時間1～2小時為宜，其目的在於去菁、去雜、去水分為原則，後期烘焙溫度以70℃及時間2～4小時為宜，使茶葉品質趨於穩定，以利茶葉貯存。

高山茶

至於臺灣地區在海拔1000～2000公尺以上之茶區，諸如嘉義阿里山、梅山茶區、南投信義、仁愛、杉林溪、霧社茶區及臺中梨山茶區所產製之球形包種茶，俗稱「高山茶」，其高山地區性之蜜香、湯色明亮而富活性，有別於文山包種茶之清香及凍頂烏龍茶之焙火香，是近30年臺灣地區市場上流行的茶類。高山茶園雲霧彌漫，林木蔭蔽，日照時間較短，尤以天然地理環境所造成的「特殊山氣」，有別一番滋味在心頭。

近幾年來由於團揉技術之突破及求精，外觀形狀漸形漸緊、烘焙溫度不宜過低，否則其去菁去雜及去水分之效果不佳，茶葉在貯存期間茶葉易變質而失去其品質特徵；另一方面，烘焙溫度不宜過高，否則「熟氣」之產生而掩蓋了天然高山之香氣，市場上品質之區隔亦趨模糊，因此其烘焙溫度及時間之設定有別於文山包種茶及凍頂烏龍茶之烘焙條件。

高山茶烘焙分為二個階段來進行，第一階段起始溫度以90～100℃為宜，烘焙時間6～8小時，端視初製茶之含水量及緊結度作適當的調整，以去菁、去雜及去水分為烘焙主軸。由於茶葉本身為低傳導度物質，以現行茶農及業者大多採用箱型電熱焙茶

機，對形狀緊結之半球形包種茶而言，其傳熱的效果較差，茶葉團粒內部烘焙均勻度有待改善。因此第一階段烘焙工作完成後，將茶葉靜置2～3天後使茶葉成分及水分重新分佈後再行第二階段烘焙工作；此階段起始溫度85～90℃烘焙2～4小時，去除茶葉中殘留之菁、雜及水分；接著再以80～85℃烘焙4～6小時，使茶葉成分及品質趨於穩定，避免茶葉有「回菁」之現象，以利茶葉之包裝貯存。

部分發酵茶烘焙溫度及時間之比較

茶　　　類	烘焙溫度（℃）	烘焙時間（hours）
文山包種茶	70-80	4-6
高山茶	80-100	16-20
凍頂烏龍茶	90-120	20-24
鐵觀音茶	90-130	40-48

凍頂烏龍茶

凍頂烏龍茶屬中發酵之球形包種茶類，其發酵程度一部分來自萎凋及攪拌製程中之酵素性氧化作用，一部分來自烘焙溫度效應之非酵素性作用；其色澤由初製茶之墨綠轉為褐綠而帶油光、香氣由沈香轉為焙火香、水色由蜜黃轉為金黃及滋味甘滑轉為濃郁而重喉韻之境界，其轉變主要來自烘焙熱效應而產生的梅納反應。凍頂烏龍茶之特色在於甘醇、濃郁、圓融及深沈之焙火香，烘焙工作分為三個階段來進行，以逐步加溫的方式醞釀凍頂茶特色之形成。

第一階段起始溫度以90～100℃為宜，烘焙時間8～10小時，端視初製茶採摘標準，含水量及緊結度作適當之調整；完成後靜置2～3天待茶葉成品「回菁」；第二階段烘焙溫度100～110℃逐

漸加溫方式烘焙6～8小時，將菁味、水分去除後形成「熟氣」為主軸。靜置2～3天後俟茶葉熟氣均勻分佈後，接著進行凍頂茶韻味形成之關鍵時刻；第三階段以開放式電焙籠進行烘焙工作，起始溫度110℃以5℃升溫方式逐步烘焙，形成凍頂茶韻味為最終目的；為了避免火味之產生，此時烘焙時間是彈性的，在烘焙過程中，每隔一小時取樣品評，以俾了解品質變化的情形，掌握凍頂茶色、香、味之特色。

鐵觀音茶

鐵觀音茶之滋味甘醇及獨特之喉韻，香氣沈著穩健，其後續的烘焙工作非常重要。一般市售之鐵觀音茶產品常見烘焙不足而呈包種味，或烘焙過度呈現火味之缺點。鐵觀音茶之烘焙工序分為四個階段進行，同樣地以逐步加溫的方式醞釀「鐵觀音茶韻」之形成。第一階段以90℃及100℃各烘焙4小時，以去菁、去雜及去水分為階段性之任務。俟靜置2～3天後進行第二階段烘焙，以100～110℃為烘焙溫度之範圍，各烘焙4小時，以漸形成鐵觀音喉韻前驅滋味「熟氣」之產生。此時再將茶葉靜置3天後讓「熟氣」均勻分佈後進行第三階段烘焙工作，以起始溫度110℃烘焙2小時後升溫至115℃及120℃分別烘焙2～3小時，以俾逐漸形成「鐵觀音喉韻」之意境。第四階段乃使「鐵觀音喉韻」品質穩定、滋味濃郁甘醇，火候十足之烘焙過程，以溫度120～130℃烘焙，每隔一小時取樣品評鑑定、視品質之變化作烘焙時間適當的調整，避免火高而澀味之形成。

以上臺灣特色茶烘焙溫度介於80～130℃之範圍，低於80℃溫度烘焙，對茶湯水色、香氣及滋味之變化極微，因此低於80℃之烘焙視為「安全溫度」。100℃之烘焙溫度，對茶湯黃色成分，香氣低沈及滋味「熟氣」有輕度之改變，各種茶之品質特徵其烘焙

時間須作適當之調整，因此100℃視為「臨界溫度」。對120℃以上溫度烘焙而言，對茶葉香氣、滋味及水色產生劇烈的變化，因此甚少採取120℃以上溫度且長時間之烘焙，而把120℃烘焙視為「危險溫度」。

烘焙溫度除了高低因素外，必須考慮以變溫之方式來進行烘焙的工作，逐步加溫的方式烘焙以俾茶葉成分的轉變而力求品質穩定。長時間之烘焙工作極易致使茶葉悶味之產生，密閉式之箱型焙茶機及開放式之電熱烘焙籠搭配使用，則對烘焙改善茶葉品質之效果更佳。

基本上烘焙是一項溫度及時間之加成效應，若控制不當極易破壞茶葉品質。目前市面或茶區甚為廣泛使用之箱型焙茶機，乃藉溫控熱傳導逐漸地由茶葉表層穿透茶葉至內層而改善茶葉品質。烘焙處理除了溫度及時間因素外，茶葉種類及球形包種茶團揉緊結度，乃茶葉烘焙效果均勻與否及儲藏壽命必須考慮之因素；不論清香或沈香型之包種茶，為了保留其原有之香氣，大多採較低溫度烘焙，因箱型焙茶機熱傳導穿透力弱，成茶內層去菁去水效果較差，往往放置一段時日後有俗稱「吐菁」之現象，或儲藏不當而呈現陳舊味。因此烘焙溫度之設定必須端視茶葉種類、緊結度及品質之導向，而烘焙時間只是一種配角，站在省工省力之立場、漫無目的延長烘焙時間，這只是一種無謂的浪費。確切記得以原料及技術導向之初製茶品質才是我們追逐的目標，烘焙的目的只是修飾茶葉品質及延長其貯存壽命。

善用老天爺給我們視覺、嗅覺、味覺及觸覺上之本能，來判斷茶葉在烘焙過程中茶葉色、香、味之變化。文山包種茶、高山茶、

烘焙程度與茶湯水色之變化

茶　類	烘焙前		烘焙後	
	△a	△b	△a	△b
文山包種茶	-1.0～-1.1	10～11	-0.9～-1.0	10.5～11.0
高山茶	-1.1～-1.3	11～12	-1.0～-1.2	12～13
凍頂烏龍茶	-0.2～-0.4	12～14	4～0.5	16～18
鐵觀音茶	0.1～0.2	12～14	1.0～1.2	18～20

△a值表示綠紅值，正值偏紅而負值偏綠
△b值表示黃藍值，正值偏黃而負值偏藍

凍頂烏龍茶及鐵觀音茶標準水色分別為蜜綠色、蜜黃色、金黃色及琥珀色，其水色之變化隨著茶葉製作發酵及烘焙程度而改變。其中文山包種茶及高山茶在烘焙前後水色差異不顯著，而凍頂茶及鐵觀音茶則變化顯著。凍頂茶因烘焙效應由蜜黃色轉變為金黃色，而鐵觀音茶由蜜黃色轉變為琥珀色。因此，文山包種初製茶水色之蜜綠色為基準，若製程發酵不足而偏綠或發酵不當而水色偏黃，其香氣清揚之品質特徵表現不足，烘焙之效應與效果極難發揮。高山茶初製茶其水色以蜜黃偏綠為基準，若發酵不足而水色偏綠則香氣不足而呈綠茶味，或發酵不當水色偏暗黃而滋味菁澀或臭菁者，烘焙的效應空間已被壓縮。而凍頂茶及鐵觀音初製茶水色偏綠或暗黃，尚難發揮高溫烘焙而求滋味喉韻濃郁之品質表現。

在水色色差值測定方面，根據資料指出，文山包種茶烘焙前後水色△a或△b值差異不顯著，顯示70℃溫度烘焙對水色之改變差異小，其目的在於去菁、去雜及去水分之階段，要求香氣及滋味止於清純，並去除水分而延長茶葉貯存壽命。

烘焙之目的對高山茶而言，與文山包種茶亦是類似的情形，其△a或△b值烘焙效應差異不顯著，雖然△b值略為增加，必須避免烘焙操作引起非酵素性氧化作用（nonenzymatic oxidation）而使茶湯黃色成分增加（△b＞13）。

凍頂初製茶△a及△b值分別介於-0.2～-0.4及12～14之間，其綠色成分比文山包種茶及高山茶少而黃色成分較高，這些成分之變化則操控在萎凋及攪拌製程上；經烘焙後△a值轉為正值而紅色成分形成，△b值升高而黃色成分增加，此為凍頂茶水色由蜜黃色形成金黃色之原因。

鐵觀音初製茶△a值為正值，茶湯紅色成分已在製程中部分形成，這種現象有別於臺灣其他特色茶；△b值與凍頂茶差異不顯著，而比文山包種茶與高山茶高，因此根據茶湯△a及△b值之反應，製程上其發酵程度較重；經烘焙後不論△a值或△b值大幅度地升高而紅色及黃色成分同時增加，烘焙效應而使水色由蜜黃轉為琥珀色。以上特色茶水色除了彩度之轉變外，其基本要求必須保持其明亮度，若烘焙不當而水色呈現枯暗，彩度的表現已不足為奇。

烘焙對茶葉色香味的改變

 烘焙程度與成分之變化

一、隨著烘焙程度之加深，咖啡因含量因昇華作用而減少。

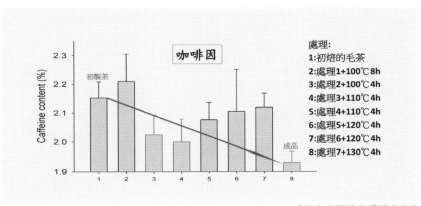

（摘自茶業改良場講義集）

二、隨著烘焙程度之加深，兒茶素含量因後氧化作用而減少。

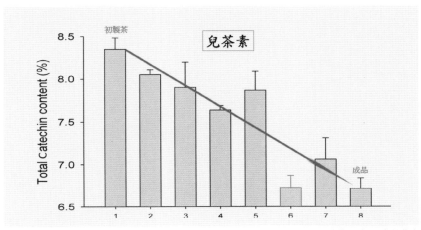

（摘自茶業改良場講義集）

三、隨著烘焙程度之加深，氨基酸及還原醣含量因梅納反應而減
　　少。

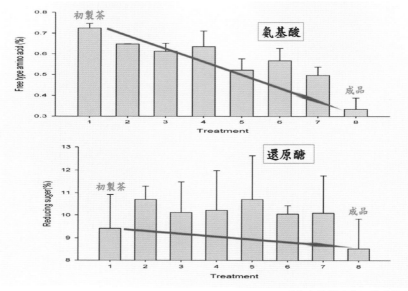

（摘自茶業改良場講義集）

四、隨著烘焙程度之加深，茶湯pH值下降而越焙越酸。

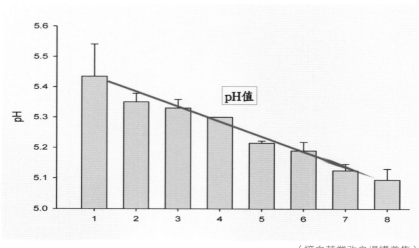

（摘自茶業改良場講義集）

 臺灣特色茶烘焙條件
之限制

臺灣特色茶之經濟價值以香味為主軸，茶葉的品質隨著原料，製作技術及貯存條件而起舞，而茶葉的通路與品質有著密切的關係。「看菁做茶、看茶焙茶」在茶的領域上常聽的術語，換言之，茶葉品質是以原料及製茶技術為導向，烘焙的目的只在於修飾茶葉品質而已，因此烘焙有其條件上之限制。茶菁原料是包種茶品質關鍵的因子，地理環境、品種特性、季節及栽培管理無不關係著優良原料之生產，其中尤以採摘標準關係著茶葉色、香、味品質之表現。

對條型包種茶而言，幼嫩的原料因為其組織薄且含水量高，攪拌及發酵不足而呈現綠茶味、淡味及菁味之品質，或攪拌及發酵不當而呈現色澤暗綠、香氣不揚、水色暗黃及滋味菁澀之現象。另一方面採摘粗老的原料，易使香氣低，滋味淡薄、形狀粗鬆及色澤黃綠，這些因茶菁採摘過嫩或過老而導致品質上的缺失，烘焙改善茶葉品質有其條件上之瓶頸及限制，因此在採摘時期及標準上應給予嚴謹之控制，以俾製造高品質之茶葉成品。

在製程上萎凋及攪拌是製程中技術之主軸，一靜一動中關係著臺灣特色茶之品質特徵；攪拌對茶菁原料而言是一種傷害，這種傷害是必須性且是適足性；不同輕重萎凋及攪拌程度而衍生部分發酵茶不同的茶類，在品質上有其特徵及屬性，而所講求的是發酵程度之適足性。針對包種茶而言常見的缺點是：萎凋及攪拌輕微

而發酵程度不足，初製茶帶綠茶味或微菁味；或萎凋過度及攪拌不足而滋味淡薄；再則萎凋不足而攪拌不當而呈菁澀，這些不具甘醇滋味及發酵不適當而無法產生香氣之初製茶，靠烘焙殊難修飾茶葉的品質。以文山包種茶而言，幽雅飄逸之香氣及甘滑圓柔之滋味是在製程中形成，因此在去菁、去雜及去水分之烘焙時段，是無法致使花香品質之形成，一旦初製茶呈現綠茶味、菁味、澀味之品質，其烘焙改善品質之效果極為有限。

針對球形包種茶（俗稱烏龍茶）而言，沈著的香氣及甘醇之滋味亦與原料與製程操作技術息息相關，因此發酵不足所呈現之綠茶味、淡味、菁味及發酵不當之臭菁及粗澀滋味，往往採用高溫烘焙而形成火味，甘醇度欠缺而滋味熟澀而不滑，非但不能達到烘焙改善品質之效果，反而致使品質諸多缺點之生成。另外，在高溫長時間炒菁之焦味、團揉及乾燥不當之悶味及火味，並非烘焙所能改善之效果。因此以烘焙的立場而言，這些品質諸多缺失在原料之選擇及製程中給予去除或防止發生，才能以烘焙效應中得到改善茶葉品質的效果。

茶葉貯存期間由於光、水分、氧氣、溫度及吸濕吸味強之因素，茶葉品質緩慢地劣變，包括香氣逸失、滋味淡薄、陳味形成、湯色暗黃及色澤灰綠等，烘焙改善品質之效果隨著劣變的層次而遞減；以文山包種茶而言，當其香氣消褪及滋味變為平淡而失去新鮮感時，則無法以烘焙改善其品質。高山茶當滋味新鮮感消失及陳味形成時，烘焙改善品質之空間已侷限；而凍頂茶或鐵觀音茶湯暗黃或陳味形成時，必須走上重火品質而失去新鮮感，醇厚順滑之品質已不再現；茶葉品質一旦外觀色澤變為灰綠，幾無烘焙效應可言。因此，茶葉包裝貯存其間若未能妥善保存而發生品質劣變，不但經濟價值降低，烘焙改善品質之意境則遙不可及！

臺灣特色茶香型種類之比較

茶葉種類	特色香氣特徵	相關揮發性化合物
綠茶	青草香、菜香	葉醇 cis-3-hexenol 青葉醛 trans-2-hexenal
包種茶	花香、輕發酵香	芳樟醇 linalool 香葉醇 heraniol 吲哚 indole
東方美人茶	熟果香、重發酵香	β-紫羅蘭酮 β-ionone 順式茉莉酮 cis-jasmone 水楊酸甲酯 methyl salysil
凍頂烏龍 鐵觀音	焙火香	呋喃類 furans 哌喃類 pyrans
紅茶	甜香、發酵香	芳樟醇氧化物 linalool oxide 橙花叔醇 nerolidol β-突厥薔薇酮 β-damasce

若就香味貢獻性之觀點而言，trans-geraniol、cis-jasmone、linalool、linalool oxide、indole及β-ionone等帶有花香味及木頭香之成分的含量，會因茶葉進行熱處理而減少；帶有菁臭味之六碳醇類與醛類成分含量，也因茶葉進行熱處理而減少；但是pyrazine及pyrrole等類帶有烘烤香味的成分濃度，則因茶葉進行熱處理而明顯增加。

臺灣茶的優勢在於香，茶是活的，在製造及儲存期間香氣、滋味持續在變。輕發酵茶要清香非菁香，發酵不足、炒菁不足的菁香容易變，焙火時不易入火，殺菁時要捉香，香氣不足的用焙火來提高香氣。香氣的變化：菁香─清香─蜜香─熟香─炒米香─火候香─焦香，炒米香至火候香靠梅納反應（還原糖與氨基酸在高溫時結合），焦糖香是焦糖化作用（糖直接熬就有焦糖香）。

臺灣特色茶之烘焙溫度：80〜130度

安全溫度：低於80℃溫度烘焙，對茶湯水色、香氣及滋味之變化
　　　　　極微。

臨界溫度：100℃之烘焙溫度，對茶湯黃色成分，香氣低沈及滋
　　　　　味「熟氣」有輕度之改變，各種茶之品質特徵其烘焙
　　　　　時間須作適當之調整 。

危險溫度：120℃以上溫度烘焙，對茶葉香氣、滋味及水色會產
　　　　　生劇烈的變化，因此甚少採取120℃以上溫度且長時
　　　　　間之烘焙。

清香型烏龍茶烘焙特性之探討

針對清香型烏龍茶（俗稱高山茶）原則上烘焙方法乃依初製茶品質決定烘焙溫度及時間之設定，其中茶葉品質包括含水量、茶菁採摘標準及老嫩度、形狀緊結度、香氣高低及滋味濃稠等因素，烘焙溫度和時間如何操控，分述如下，期以提供茶葉烘焙技術之參考：

一、含水量：茶葉烘焙首要工作乃降低茶葉含水量至安全範圍（＜4％），防止茶葉進行後氧化作用，俾能延長茶葉儲藏壽命；而含水量不同的茶葉，烘焙條件也不同，一般而言含水量高之茶葉，最初階段其烘焙溫度提高（約90℃～100℃），時間要延長；由於茶葉吸濕味性強，若揀梗精製過程氣候潮濕，更需注意提高烘焙溫度或時間。同時茶葉並非良好熱傳導體，含水量高之茶葉攤放厚度以薄攤為宜，否則易導致悶變而降低茶葉品質。

二、原料老嫩度：烘焙較熟採粗老的茶葉，需中溫（85～90℃）烘焙，至於烘焙時間之設定，則視低、中低及中焙火茶葉之需求而在時間4～10小時作彈性之選擇，然而比較成熟採原料而帶微香之茶葉，烘焙時間宜縮短。幼嫩茶葉烘焙溫度比熟採粗老的茶葉微高，初步藉中高溫（90℃～100℃）烘焙時間約4～6小時，第二階段再以80～85℃烘焙2～4小時，以確保茶湯滋味甘醇不苦澀而保留香氣為原則。

三、形狀緊結度：外形緊結之茶葉則較耐烘焙，宜採中溫（85℃～90℃）而較長時間之烘焙，反之外形鬆散的茶葉宜採中高溫（100℃）而短時間之烘焙。通常圓形緊結的茶葉，熱量較不易穿透茶葉內層，宜酌予攤薄，增進茶葉烘焙均勻度，而對成形捲曲度不佳之茶葉宜採中高溫（110℃），時間4～8小時而中高焙火程度之茶葉，改善滋味淡薄及香氣低沈之缺點。

四、香氣：茶葉香氣屬揮發性物質，烘焙過程中香氣成分容易逸失，因此，一般高品質清香條形包種茶不宜採較高溫度（＞85℃）長時間（＞6小時）烘焙，寧可採低溫短時間烘焙，以保留原有香氣及清新鮮活為原則，以去除雜味或菁味為主要工作；而香高品質球形包種茶，首先採用約90℃溫度烘焙，接著第二階段則採85℃溫度烘焙，時間上作彈性的調整，以烘焙出甘甜風味為原則。香低中次級茶之烘焙，可採較高溫度（約100℃）和較長時間之烘焙處理。

五、滋味：滋味甘醇之茶葉，以中溫（約80～85℃）烘焙4～6小時作彈性之選擇；次日再以75～80℃焙籠烘焙2～3小時求其茶葉品質之穩定性，避免採較高溫度（＞100℃）而使茶葉帶熟味或火味而降低茶葉品質。

以上各種茶葉之烘焙方法，隨時取樣作品質之鑑定，務必使各種茶葉發揮其特性，並設法改善或彌補其缺點，不但可使茶葉品質提高，並能迎合消費者之口味，提供茶葉市場更多的選擇。

臺灣青茶類製程之比較

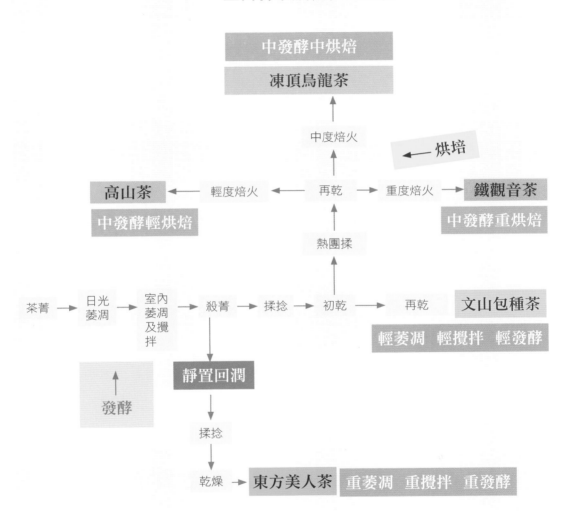

結論

一、除了藉包裝（真空或充氮等無氧包裝）及低溫冷藏延長茶葉
　　儲藏壽命之外，烘焙為一有效延長茶葉儲藏壽命之重要方法
　　與手段。

二、因應茶葉消費市場對各種不同口味（焙火程度）之需求，各
　　種焙火程度之茶類，可以提供消費者更多元化口味之選擇。

三、具烘焙烤風味之區域性特色茶，尤其如典型之凍頂烏龍茶及
　　鐵觀音茶為其必要特徵，亦為市場需求，因此後續之烘焙加
　　工步驟乃為必要程序，否則失去該種茶之特色。

四、改善或去除成茶儲藏後品質劣變之缺點，尤其如陳味、油耗
　　味及儲藏臭和其它異味等，再烘焙為一重要方法。

五、一般高品質清香茶，不宜採高溫長時間烘焙，寧可採低溫短
　　時間烘焙，以保留高品質茶原香為原則，即以去除不良菁臭
　　味或雜味為首要。反之，中次級茶除了可藉烘焙去除不良風
　　味外，亦可藉烘焙衍生怡人的焙火香味，增進中次級茶之香
　　味品質，因此中次級茶可行較高溫度和長時間烘焙。

茶葉烘焙過程茶葉品質及化學成分的變化
（100℃→130℃）

1. 烘焙對茶葉品質的影響：
   - 茶葉色澤：變褐、變黑。
   - 茶湯水色：轉為褐黃色。
   - 香氣：花香味↓、烘焙味↑。
   - 滋味：苦澀↓、鮮爽度↓、變酸。
2. 烘焙對茶葉化學成分的影響：
   - 咖啡因、兒茶素類↓。
   - 氨基酸、醣類↓。
   - pH↓（沒食子酸↑）。

部分發酵茶烘焙溫度及時間之比較

茶類	萎凋	攪拌	發酵程度		烘焙程度
綠茶	無	無	無	不發酵茶	無
文山包種茶	輕	輕	輕		輕
高山茶	輕	中	中		輕
凍頂烏龍茶	中	中	中	部分發酵茶	中
鐵觀音茶	中	重	中		重
白毫烏龍茶	重	重	重		無
紅茶	無	無	全	全發酵茶	無

探索臺灣特色茶
之容顏

photo by onon

清心自然之綠茶

綠茶屬不發酵茶類，再細分可分成兩種，一種是炒菁綠茶，如龍井、碧螺春、珠茶等；另一種是蒸菁綠茶，如煎茶和玉露。炒菁綠茶是中國特產，而蒸菁綠茶主要是日本人產製飲用。蒸菁綠茶在唐代（618～907）陸羽《茶經》早有論述；我國綠茶傳播日本、印度等國以蒸菁最早，明代（1368～1662）蒸菁被炒菁取代。臺灣地區於1960~1970年輸出日本煎茶急劇上升，1970年以後引進煎茶新型煎茶製造機械，1980年後輸日煎茶逐年減少。

煎茶品質特徵，形狀條索細緊、伸長挺直呈針形，勻稱而有尖鋒；色澤鮮綠、油潤有光澤；水色澄清亮麗；滋味醇和、回味帶甘、不澀口。

龍井茶品質特徵，形狀扁平，顏色翠綠，具有蔬果香；臺灣製造之龍井，以新北三峽為主產地，茶幼嫩，白毫多（隱毫），因品種關係，茶湯微澀，如果泡時用量不多，飲後回甘，「色綠、香郁、味甘、形美」四絕著稱。

碧螺春被譽有四絕之美，所謂四絕即指色、香、味、形四絕；碧就是外觀色澤新鮮碧綠的意思，宛如翡翠的顏色一樣地翠綠；螺就是茶芽外形似田螺微小般彎曲，這種茶有白毫覆蓋在上面（顯毫），在春初或春天所摘幼嫩帶心芽的茶菁，經加工製成的茶。在臺灣主要產自於三峽，臺灣三峽雖非大陸三峽之巧奪天工，但

其地靈人傑，山川景色獨樹一格，白雞山、峰氣蓋山頭，青心柑仔品種為茶菁原料，採摘標準大多為一心1～2葉所產之碧螺春茶，色、香、味、形俱佳，獨樹一格，堪與洞庭山碧螺春相媲美。

故一般對此茶有如下的形容：

碧螺春

清輕甘潔、毛茸捲曲、外形似螺
水色明徹、鮮清甘甜、有新鮮感
香氣芬芳、陶醉其中、津然舒適
飲後回味、生津止渴、爽口氣順

photo by onon

「蜜香綠茶」不僅顛覆傳統綠茶的香味，更由於香味獨特，因此很多消費者品嚐後即留下深刻印象。蜜香綠茶除了保留原來綠茶所具有之良好保健功效，另外還有下列特點，由於其製造都是以幼嫩的心芽為原料，因此氨基酸含量非常豐富，所以茶湯滋味非常甘甜爽口，另由於保留綠茶純真自然的加工手法，蜜香綠茶不帶任何一絲絲矯揉做作之氣。

若您喜歡喝綠茶，卻又難能接受傳統綠茶「苦澀回甘」的感覺，甘潤爽口的蜜香綠茶值得您品味。

提到綠茶就讓人直接聯想到綠茶的兩大特點：一是綠茶加工製造過程中大部分成分未被氧化破壞，相對兒茶素含量最豐富，被號稱為是所有茶類當中最具保健功效的茶類；二是綠茶最忠於原味和最純真自然的茶葉，外觀新鮮碧綠，白毫多而顯，形狀纖細捲曲，茶湯碧綠清澈。綠茶含量最豐富的「兒茶素」成分，近二、三十年來國內外已有太多的研究報告證實兒茶素在抗氧化、防衰老、抑制細胞突變、防癌、抑菌等顯著的保健功效。

沖泡綠茶嚴忌使用過高溫度之沸水沖泡，以免燙熟，產生「燙熟味」，最宜使用80℃左右沸滾後開水沖泡；沖泡後切忌蓋壺久悶，即沖泡時間一到，應立即濾出茶湯，並將壺蓋打開，以免悶熟茶葉。綠茶類由於大部分是心芽嫩葉製成，要表現出綠茶「青湯綠葉、新鮮自然」的原始風味。綠茶的成分大部分是未氧化的化學成分，一旦沖泡後濾出茶湯，其所含的化學成分，如兒茶素類及維生素C等很快氧化變色，因此應儘速飲用茶湯。

另外，綠茶粉之用途，可開發中國傳統調理食品、甜點餅乾、西式麵包、冰品冷飲等系列產品，擴展綠茶多元化產品之研發。

香氣清揚的文山包種茶

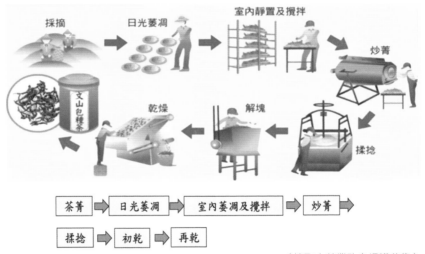

茶菁 ➡ 日光萎凋 ➡ 室內萎凋及攪拌 ➡ 炒菁 ➡

揉捻 ➡ 初乾 ➡ 再乾

（摘取自茶業改良場講義集）

「包種茶」名稱的由來，相傳於160餘年前，大陸福建省泉州府安溪縣茶農，仿武夷岩茶的製造法，將每一株或相同的茶菁分別製造，再將製好得茶葉，每四兩裝成一包，每包用福建所產的毛邊紙二張，內外相襯，包成長方形的四方包，包外再蓋上茶葉名稱及行號印章，稱之為「包種」或

文山包種茶

「包種茶」；後來輾轉傳到本省南港、文山等地區。目前本省所生產的包種茶，以新北市文山地區所產製的品質最具代表性，香氣飄逸，所以習慣上稱之為「文山包種茶」。

文山茶區包括新北市的新店、坪林、石碇、深坑、汐止、平溪等茶區，茶園分佈於海拔400公尺以上之山區，所生產之文山包種茶，品質特佳，馳名中外。 珍貴的文山包種茶，所製成得茶葉外觀翠綠帶麗色，形狀自然彎曲，沖泡後茶湯水色蜜綠鮮豔悅目，香氣撲鼻，滋味甘潤，入口生津，且有「香、濃、醇、韻、美」等五大特色，是茶中極品，深受消費者所喜好。

以下為一首坪林茶農的打油詩，其敘述了包種茶的製茶要點：

茶幼愛長柯愛軟	幼茶水大親手伴
柯茶減遍接手浪	高雲濕輕低雲重
雲高正常茶會香	雲低濕重拖時間
三遍還是行水時	水行不順賣沒錢
炒茶不要趕時間	水那走透茶就香
四遍以後發酵庚	發酵順利會香死
功夫在手看天氣	要製極品變天時
天氣那順大家香	壞天要香沒幾人

一、外觀：好的包種茶外觀應呈條索緊捲略曲，茶身細嫩梢尖長。除用以薰製高級花茶的茶胚外，不宜具有白毫芽心。乾茶墨綠較好，表面有油光，茶條能帶如青蛙皮顏色的灰白點尤佳，此為萎凋適當，揉捻良好，焙火得宜所致。

二、香氣：包種茶的特色為其花香，故其香氣的強弱為包種茶的
　　品質好壞主要的分別條件，對包種花茶而言更是如此。上等
　　的包種茶具濃郁花香，芬芳撲鼻，一飲茶湯滿口含香；普通
　　者香氣弱，若焙火得宜則有如炒栗一般的熟香，入口後亦有
　　種熟果香味。中下等級者，火稍高，缺乏自然清香而具火熟
　　香。是故高級的包種茶，火宜低，微火烘過即可。

三、滋味：因包種茶比較著重在香氣，包種茶的滋味以春秋二季
　　製造的較佳，此二季製成的茶，茶湯入口甘潤圓滑，夏季製
　　成的則較苦澀。

四、水色：包種茶的水色以明亮蜜綠顯黃色為佳，標準湯色則綠
　　帶蜜黃之間。琥珀金黃非上品，外觀色澤淡綠與褐色者劣。

五、葉底：包種茶屬於輕度發酵茶，茶葉沖泡後，葉緣鋸齒綠邊
　　呈現，能全葉平均的葉緣綠邊最佳。葉身中部則以淡綠而稍
　　微透明好，濃綠、暗黑者均不取。

文山包種茶屬清香型之茶類，品質以香清飄逸、滋味鮮爽甘滑帶
活性、不菁、不澀、不雜而未具熟味為上品，其香氣之形成在於
茶菁原料採摘標準及室內靜置萎凋及攪拌製程之控制；此類茶不
主張嫩採及粗採，避免因嫩採其品質菁澀、水色變黃、香氣不
揚、色澤暗綠及粗採其品質形狀粗鬆、色澤黃綠、滋味粗淡之生
成。製程中萎凋及攪拌為香氣形成之重要步驟，它是屬於輕萎凋
及輕攪拌之茶類，避免發酵不足而產生綠茶味、菁味及淡味之形
成，和發酵不當而產生粗澀及臭菁味之形成。

文山包種茶屬輕發酵茶類，外觀是條索狀、色澤墨綠，講究香氣務必要清揚，滋味要甘滑鮮爽。沖泡文山包種茶務必要把它清揚的香氣表現出來，這是該茶典型特徵。由於文山包種茶呈疏鬆之條索狀，沖泡時要注意茶葉量不要放太少，為表現該茶之清揚香氣，最好用導熱快又不透氣的白瓷茶具沖泡為宜，另沖泡溫度以介於90～100℃為佳。

香氣優雅的高山茶

高山茶（球形烏龍茶）

採摘 → 日光萎凋 → 室內靜置及攪拌 → 炒菁

乾燥 ← 覆炒 ← 初乾 ← 揉捻

團揉

高山茶

（摘自茶業改良場講義集）

泛指海拔1,000公尺以上茶園所產製的茶葉，以南投縣、嘉義縣、臺中市為主要茶區，如玉山、阿里山、梅山、梨山等茶區，多以青心烏龍、臺茶12號品種為原料。部分發酵茶類，製程中具有團揉動作，成茶外觀為半球形或球形茶，並進行輕微的烘焙去除毛茶不良風味（去菁去雜去水）。

高山茶

梨山茶區特點

‧栽種海拔高度在1,800～2,500公尺之間。

‧主要栽培品種：青心烏龍。

‧日夜溫差10℃以上，葉質柔軟肥厚。

‧夜溫及溼度較低，茶葉發酵不易。

‧茶葉具有特殊高山韻。

‧茶湯蜜綠，水軟，甘甜，滋味濃稠。

一般年產3次茶（5～6月、8月、9～10月）。

嘉義縣茶區

嘉義縣所生產的阿里山高山茶，位於北迴歸線附近，其茶葉種植面積1千8百公頃，分佈於阿里山、竹崎、梅山、番路、中埔、大埔等鄉鎮的山坡地上，海拔1,000至1,700公尺，這塊區域統稱為「大阿里山茶區」。阿里山茶品種以青心烏龍為主，並有部分的金萱（臺茶12號）茶種，都是以人工採收。

竹山茶區

大鞍、番仔田、龍鳳峽及杉林溪等茶區，本區段屬後期開發之高海拔茶區，大部分為孟宗竹林開墾而成，土壤地力尚屬良好，加以新興茶區茶價高。茶農為保持地力，相對投入之有機資肥料等較為充足，故茶樹長期保持生長良好，茶菁品質優良，產製之杉林溪茶，香氣清幽，滋味醇厚。

仁愛茶區

南投縣仁愛鄉茶區，位於濁水溪以北，地質屬砂質片狀礫岩，土壤排水良好，但相對保水及保肥力不佳，但以臺灣山區多雨之氣候型態，其地質狀態對茶葉製造有利，在雨季連續雨天後，其茶菁含水量相對較低，適合製造香氣高、滋味清醇之特色茶。栽培品種以青心烏龍為主，製造茶類為輕發酵之半球形部分發酵茶。茶葉外觀翠綠，水色蜜綠顯黃，香氣清揚，滋味清醇。

因為高山氣候冷涼，早晚雲霧籠罩，平均日照短，雨量均勻，日夜溫差大，芽葉所含兒茶素類等苦澀成分較低，茶氨酸及可溶氮等對甘味有貢獻之成分含量提高。芽葉柔軟，葉肉厚，果膠質含量高，所製成茶葉的滋味清香芬芳，濃厚甘醇，帶有特殊的「山氣」表現，苦澀味低、甘甜度及濃稠度高之品質特徵。

韻味十足的凍頂烏龍茶

（摘自茶業改良場講義集）

凍頂烏龍茶

凍頂茶一般稱為「凍頂烏龍茶」，產地在南投縣鹿谷茶區，主要品種為青心烏龍。據傳鹿谷鄉人林鳳池先生，於清朝咸豐五年（1855），赴福建省應考「舉人」及格返鄉，從武夷山帶回36株青心烏龍茶苗，其中一部份種植於鹿谷鄉麒麟潭邊的山麓上，是為「凍頂茶」的開端。經過一百多年的發展，尤其最近幾十年來，在政府有關單位大力輔導及當地農民的密切配合下，「凍頂茶」已發展成為家喻戶曉、馳

名中外的臺灣特產。鹿谷茶區因受地力衰退影響，除早期開發的彰雅、鳳凰、永隆三村仍保持青心烏龍品種並維持故有園相外，多數茶農已移往地勢較高之大崙山開發新茶園，但仍以種植青心烏龍為主。鹿谷凍頂烏龍茶向來都以標榜高發酵度及深焙火，故其製茶過程仍保持較傳統之萎凋及發酵度，對後續的焙火技術更是特別講究，茶湯具有焙火香及茶香，香氣濃郁，滋味濃稠韻味足。

凍頂茶屬於青茶類，介於包種茶與烏龍茶之間的一種中發酵茶，發酵程度在15～25%之間；在製茶過程中，「熱團揉」是製造凍頂茶獨特的「中國功夫」技藝。凍頂茶形狀條索緊結整齊，葉尖捲曲呈蝦球狀，茶湯水色呈金黃且澄清明澈，焙火香氣撲鼻，茶湯入口生津富活性，落喉韻味強且經久耐泡為凍頂茶特色。

濃韻醇厚的鐵觀音茶

茶菁 ⇒	日光萎凋 ⇒	室內萎凋及攪拌 ⇒	殺菁 ⇒	揉捻 ⇒	初乾
⇒ 包布揉 ⇒	包布焙 ⇒	解塊 ⇒	乾燥 ⇒	烘焙 ⇒	成茶

（摘自茶業改良場講義集）

鐵觀音茶

鐵觀音茶屬中發酵茶，外型捲曲呈球型，外觀色澤暗綠帶褐，茶湯琥珀，香氣帶乾果香及火香，飲之甘滑厚重微帶酸味。主要生產於台北市木柵及新北石門茶區。製造鐵觀音茶的特殊過程，即是毛茶經初焙未足乾時，將茶葉用方形布包裹，揉成球形狀，並輕輕用手

在外轉動揉捻，並將布球茶包放入「文火」的焙籠上慢慢烘焙，使茶葉形狀逐漸彎曲緊結。如此反復進行焙揉，茶中成分藉焙火之溫度轉化其香與味，經多次沖泡仍芬香甘醇而有回韻。

鐵觀音原是茶樹品種名稱（別名紅心鐵觀音），適製部份發酵茶，具有獨特風味，成品名稱為鐵觀音。中國大陸所謂鐵觀音茶即是以鐵觀音茶樹製成的茶類，在臺灣鐵觀音茶是指依照鐵觀音茶特定製法製成的茶類；臺灣供製鐵觀音茶的原料，可以是鐵觀音茶樹，或其他品種茶樹的芽葉，如新北市石門鐵觀音茶係以硬枝紅心為原料，木柵茶區鐵觀音外亦有以武夷、梅占為原料者。

鐵觀音茶品質要求條索捲曲、壯結、重實，呈青蒂綠腹蜻蜓頭狀；色澤鮮潤，砂綠顯，葉表帶白霜；湯色琥珀，濃艷清澈；滋味醇厚甘鮮，入口回甘喉韻強；香氣馥郁持久；葉底肥厚明亮，具綢面光澤。湯色呈琥珀、微澀中帶甘潤味、並有種純和且濃而火候十足的韻味，這是鐵觀音獨特品質之特徵。

蜜香甘甜的東方美人茶

白毫烏龍茶（東方美人茶）

採摘　日光萎凋　室內靜置及攪拌　炒菁

乾燥　揉捻　炒後悶（靜置回潤）

白毫烏龍茶

（摘自茶業改良場講義集）

東方美人茶

白毫烏龍茶是先民在製造烏龍茶中，偶然開創的。這先民有可能是閩籍或是粵籍，但可確定的是白毫烏龍茶應是在客家庄由客家人加以發揚光大，為客家人的代表茶類。將白毫烏龍茶發揚光大的客家庄，應是指日據時期新竹州所轄之地，包括竹東郡北埔、峨眉庄和苗栗郡頭屋庄等地。

時至今日新竹縣的北埔、峨眉鄉及苗栗縣的頭份地區，仍以產製白毫烏龍茶著名，這些都是客家人世居之地。製造白毫烏龍茶在桃竹苗茶區已形成風潮，為重要農作物，為農民帶來經濟效益。

白毫烏龍茶俗稱「椪風茶」，或雅稱「東方美人茶」，係部份發酵茶類中發酵程度最深的一種茶，茶葉中兒茶素類約50～60％被氧化；白毫烏龍茶的名稱相當多，英國人以其外觀漂亮及香味濃郁甘醇，譽為「東方美人茶」之雅稱，洋人喝此茶時喜放一、二滴香檳酒增加香味，又稱「香檳烏龍」。本省客家人稱它「吹牛茶」即「凸風茶」、「膨風茶」或「椪風茶」之俗稱；因它是天旱炎熱的產品，又被「蜒阿蟲」（閩南話）咬過，故又稱「園阿茶」。又其外觀有紅、白、黃、綠、褐五色，謂之「五色茶」，其嫩芽的白毫很多，輕焙出來以後茶心銀白，故又稱「白毫烏龍茶」。因產量很少，是臺灣部分發酵茶中極品。

東方美人茶的緣由又是什麼？坊間的說法是清朝時臺灣產製的烏龍茶透過英國人（有人認為是史溫侯）呈送給英國國王，因風味特殊被命名「東方美人茶」。當時飲用紅茶正流行於歐洲，臺灣外銷烏龍茶屬發酵程度較重，水色滋味接近紅茶，很容易為歐人所接受。更何況是帶有果香的極品白毫烏龍茶，品質媲美錫蘭、印度上等紅茶，被喻為東方美人當之無愧。

一般白毫烏龍茶品質，若以季節區分，以夏季芒種節氣製造其品質最佳；夏季在北部是小綠葉蟬危害嚴重的季節，但因環境氣候變化，各地危害情形會有不同的表現，因此產量不多。適製品種為青心大冇，該品種早期與青心烏龍、大葉烏龍及硬枝紅心為臺灣四大茶樹品種，分布於桃園、新竹及苗栗等茶區，早期以製造

綠茶與紅茶為大宗，行銷國外為主，近年來由於外銷市場萎靡不振，轉型製造部分發酵茶，並以內銷為主要架構。白毫烏龍茶其製程極為繁瑣，可分為曬（日光萎凋）、翻（室內靜置及攪拌）、炒（殺菁）、悶（靜置回潤）、揉（揉捻）、烘（乾燥）、篩（篩分）等七個步驟。

製程屬重萎凋重攪拌，關係著色香味之表現，若稍為不慎，滋味既澀又苦，蜂蜜香熟果味之品質特性無法形成。外觀白毫肥大、葉部五彩調和，顏色鮮艷，其蜂蜜香及熟果味有別於包種茶之清香或焙火香，這就是雅稱「東方美人茶」、俗稱「椪風茶」、學術稱「白毫烏龍茶」之品質特徵。

白毫烏龍茶係屬重發酵茶類，採幼嫩芽葉製成，含豐富之氨基酸，茶湯滋味甘醇潤滑，又採重發酵處理，滋味不苦澀。白毫烏龍茶之沖泡濃度以2%（20公克／1公升）為宜，採用白瓷陶壺或透明杯沖泡皆可；由於該茶枝葉連理，狀如花朵妖嬌艷麗，採透明杯沖泡時，可欣賞其舒展之美姿，約沖泡5-6分鐘後即可將茶湯過濾飲用。若茶湯加點白蘭地，酒醇混合天然蜂蜜香，真是茶品中之極品。把茶溶入日常生活中，在茶香邈邈的悠然神韻下，更加豐富了您彩色的人生。

白毫烏龍茶（客家情美人心）

俗稱「椪風茶」，雅稱「東方美人茶」，是臺灣特有的茶類，
為部分發酵茶中發酵程度最重的一種，形狀宛如花朵，白、
綠、黃、紅、褐色澤相間，具天然熟果味蜂蜜香為其品質特
徵。屬重發酵茶類，產地新竹峨眉及北埔，苗栗頭份及頭屋，
青心大冇品種所產製。

濃郁收斂之紅茶

紅茶製造的基本原理，第一步驟萎凋過程，是以均勻散失芽葉水分而濃縮葉內含物而起自然生理及物理作用為主體。適當的萎凋不但葉內含有適量可動性的水分，且表皮細胞亦不受損傷。第二步驟揉捻過程在求茶葉的捲曲，或結緊成條，使茶汁迅速流出，發酵立即開始，並非求萎凋葉的迅速揉捻成碎片。第三步驟發酵過程是以細胞液中之多元酚類為基質，與液胞膜外綠色體共存之氧化酵素相混合，吸收氧氣所發生之酵素氧化作用；發酵過程中，溫度25℃～30℃時最迅速，茶葉中的多元酚氧化酵素催化兒茶素氧化聚合，形成茶黃質及茶紅質等氧化物，影響紅茶水色與滋味之表現。其中發酵產物茶黃質（佔乾物重＜1%）與紅茶茶湯之水色明亮度及顏色（橙黃色）、鮮爽度、收斂性有關，有軟黃金之稱。

臺灣地區以南投縣魚池及埔里茶區為主要產地，種植品種以臺茶8、18號及阿薩姆為主；其中臺茶18號別名紅玉，滋味甘醇又具薄荷香，在政府及茶業相關單位大力推廣下，產品供不應求。外觀勻稱、水色鮮紅豔麗及味呈焦糖香為其品質特徵。

紅茶係屬全發酵茶，因外觀、內容及形質之不同，其產品亦多樣化，日常生活中或市面上銷售之紅茶可分為碎型紅茶、條型紅茶及調味紅茶等三大類。

紅茶沖泡方法分為：

1. 純紅茶：取3公克之紅茶，置於陶瓷杯壺中，加沸水150cc待五分鐘後用細網過濾即可熱飲。或容量2～3克之袋茶（tea bag），加水150cc待五分鐘後取出茶袋即可飲用。沖泡紅茶時，時間一到必須將茶渣或泡過之茶袋取出，不宜再浸泡，否則對風味有不良的影響。沖泡後之紅茶，冷卻後產生乳化現象即為高品質紅茶。

2. 調味紅茶：紅茶迷人之處不止於其顏色及香氣，其可愛在於能容，不論酸的檸檬、辛的肉桂、甜的糖或柔潤的牛奶，皆可容納於茶湯中。將泡好之紅茶，待稍涼時加檸檬及糖即為檸檬紅茶。將紅茶150cc加煉乳10～15cc或奶精，及方糖二塊或白糖一匙，飲用時增其風味，此為俗稱之奶茶。或將炒後之大麥與紅茶等量置於杯內注入沸水沖泡5分鐘後加糖即可飲用，此謂麥香紅茶。其它蘋果、荔枝、酸柑、草莓等水果紅茶及白蘭地、威士忌、紅葡萄酒等酒類紅茶，別有一番滋味；在興緻之所至、閒暇之餘，何妨來一杯吧！

3. 泡沫紅茶：將泡好之紅茶置於不鏽鋼容器，並加入冰塊及糖，然後快速搖動容器，一則加速冰塊溶解使其瞬間冷卻，二則上下搖動產生泡沫，待冰塊溶解後即可倒出飲用。「寒夜客來茶當酒」，飲茶是一種思想亦是一種境界；講究的是不偏不倚而凡事都合乎中庸的生活方式，不但表露出賓主間的和諧歡愉，而且蘊藏著高雅的情緻。國人生活在忙碌的現實環境中，為紓解工作帶給人們的壓力，勸君多飲茶、益身心。

蜜香紅茶

臺茶18號

臺灣現有生產的農產品中，茶葉具有悠久外銷歷史及文化背景；
臺灣氣候溫和、四季分明，適合茶樹生長，從不發酵的綠茶、部
分發酵的包種烏龍茶及全發酵的紅茶，臺灣皆有生產。

善用老天爺給我們視覺、嗅覺、味覺及觸覺上之本能，對茶葉
色、香、味品質之判斷才能面面俱到。除了茶葉品質好壞之因素
外，在選購茶葉時必須考慮個人嗜好性之問題。如果您追求來自
天然之蔬果香，綠茶是您選購的對象，國產之龍井及碧螺春您可
對它有所期待。當您對香氣清揚純正及甘滑爽口的茶葉有所獨鍾

為不炒菁之茶類，經由揉捻破壞葉片使酵素劇烈作用產生香氣物質及有色物質（茶黃質、茶紅質）：

1. 條形紅茶：

室內萎凋 → ＿＿＿ → 渥紅補足發酵 → 乾燥

（摘自茶業改良場講義集）

2. 碎形紅茶：CTC（Crushing Tearing Curling）揉切機

室內萎凋 → ＿＿＿ → 渥紅補足發酵 → 乾燥

（摘自茶業改良場講義集）

3. 切菁紅茶：

室內萎凋 → 切菁 → 重揉捻 → 渥紅補足發酵 → 乾燥

時，那麼文山包種茶是您最佳的選擇。翠綠鮮活的色澤、淡雅清純之香氣、厚重富活性之滋味，這是目前蓬勃發展「高山茶」之特色所在，有別於綠茶之蔬果香及文山包種茶之清香，可提供您選購買茶葉時另一種選擇。隨著茶葉發酵程度之加深，茶湯水色由蜜綠、蜜黃而轉變為金黃色，這時候您腦裡浮現了凍頂烏龍茶；外觀緊結、喉韻十足，飲後回韻無窮，為其品質特徵。

如果您對焙火的香氣及濃郁的滋味有興趣的話，您不妨購買凍頂烏龍茶細嚐吧！湯色呈琥珀、微澀中帶甘潤味、並有種純和且濃而火候十足的韻味，這是鐵觀音獨特品質之特徵，如果您嚮往少一份之清香而多一份之火候香、少一份原味而多一份烘焙韻味，湯色少一份蜜黃而多一份琥珀，鐵觀音茶是您最佳之選擇。外觀以白毫肥大、葉部白、黃、紅、褐相間，五彩調和，顏色鮮艷，有別於包種茶之墨綠色；且經浮塵子侵食，以採一芽一葉或二葉製造而成，其蜂蜜香及熟果味有別於包種茶之清香或焙火香，這就是雅稱「東方美人茶」，俗稱「椪風茶」，學術稱「白毫烏龍茶」之品質特徵。盛夏時節，您不妨暫且遠離包種茶之清香，享受烏龍茶獨特之香氣及滋味，如果滴點香檳酒，更添增烏龍茶味之多樣性。

以上各類的茶葉，不論不發酵的綠茶、輕發酵的文山包種茶、中發酵之高山茶、凍頂烏龍茶及鐵觀音茶、重發酵的椪風茶和全發酵之紅茶，其湯色、外觀、香氣及滋味均有特色所在，可依您個人之喜好作最佳之選購，把茶溶入日常生活中，在茶香邈邈的悠然神韻下，更加豐富了您彩色的人生。

茶葉包裝與儲藏

臺灣特色茶之經濟價值以香味品質為主軸，而茶葉的通路及價格與品質有著密切的關係，若茶葉包裝儲藏期間未能防止品質劣變，對業者及消費者而言是一件得不償失的事實。

茶葉是一吸濕吸味性強之農特產品，極易在挑揀枝梗精製過程中吸收空氣中之水分及異味而破壞茶葉品質。或是茶葉儲藏期間由於兒茶素類之後氧化作用、葉綠素之裂解、氨基酸脫氮作用、維生素C氧化、香味成分之再氧化、咖啡因之結合游離等化學變化，導致茶葉外觀色澤、水色及香味品質之下降。同時亦是忌光照、氧氣、高溫儲藏的嗜好品，唯有靠良好之包裝儲存之材料與方法才能確保茶葉品質避免劣變，以達到「品質保證」及「品牌建立」之目的，進而促銷茶葉及臺茶在消費市場之競爭力。

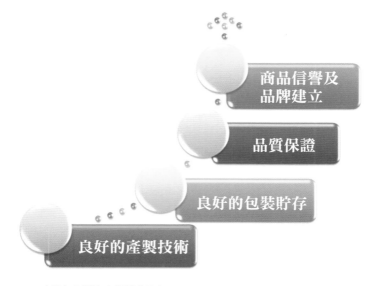

（摘自茶業改良場講義集）

良好的茶葉包裝方法必須兼具內外包裝，內包裝材料因與茶葉品質密切接觸，因此以防濕、阻光、不透氣之包裝材質為基本考量與需求；而外包裝則為防止茶葉擠壓和美觀為主要目的。

唯避免茶葉品質之劣變，首先將初製茶採二次分段乾燥法及再行烘焙，以確保茶葉含水量低於4%。乾燥完畢後需靜置冷卻才能裝袋，以免產生悶而不清之滋味，這段靜置冷卻的時間不宜太久，一則避免吸濕回潮，二則避免吸收異味。

目前包裝條件以鋁箔積層袋再加抽真空（或添加脫氧劑）及低溫冷藏（6℃以下）保存效果最好，阻光、防潮及隔離氧氣而延長茶葉儲存壽命；若再加上合成紙罐外包裝，則輕便、美觀且經濟實惠。

臺灣地區製茶種類琳琅滿目、產品之多樣化為世界之最。由於茶葉儲藏期間劣變速率之快慢，因而對茶葉儲藏條件有所迥異，必須先了解茶葉儲藏之本質特性。

茶葉儲藏之本質特性

茶葉儲藏是一段漫長的後氧化作用，茶葉儲藏初期，剛出爐的新茶通常較菁澀，帶有「生菁味」或「火燥味」，經過一段時間儲藏後，這些不良風味會自然減退或消除，使品質更為醇和滑順，這種變化稱為後發酵作用。茶葉之後續儲藏會因茶葉吸濕而加速催化後發酵作用，品質將緩慢漸進地劣變，很難維持原來的新鮮品質，以現代精密進步之包裝材質與技術亦僅能緩慢劣變速率。劣變速率因下列內在因素而異：

發酵程度

不發酵之綠茶類由於所含之成分皆未氧化，所以後續之儲藏期間易再氧化，因而對包裝及儲藏條件之要求較為嚴苛。輕發酵之條形包種茶，香氣清揚及滋味甘滑為其品質特徵，由於不易真空包裝導致茶葉香氣成分之再氧化而降低香氣及滋味活性，只能靠脫氧劑及冷藏而延長茶葉儲藏壽命。重發酵茶類由於成分已氧化或部分氧化，在儲藏期間較不易再氧化，比起不發酵茶或輕發酵茶較耐儲存。

茶葉形狀

若茶葉與空氣接觸面大而易吸濕及氧氣接觸，茶葉成分再氧化而導致茶葉品質劣變，所以球形茶比條形茶耐儲藏，而條形茶比碎形茶耐儲藏。

（摘自茶業改良場講義集）　　　　　　　　　　　　　　　　　水色隨著發酵及烘焙程度走

烘焙程度

臺灣特色茶以重烘焙之鐵觀音茶較耐儲藏，次為中烘焙之凍頂烏龍茶及高山茶，輕發酵烘焙之文山包種茶較不易儲藏。

香氣類型

重焙火香之茶類較耐儲藏，次為熟香型及沈香型之茶類，而清香型或蔬果香型之茶類較不耐儲藏。

儲藏期間品質劣變因素

除了內在因素以外，茶葉儲藏期間與因外在劣變因子（光、水分、高溫、氧氣）之接觸而導致茶葉品質之劣變：

含水量

水分是茶葉品質成分化學反應的溶劑，水分越多，茶葉中有益成分的擴散移動和相互作用就越顯著，茶葉陳化變質也就越迅速。

妥善保藏茶葉之首要關鍵在於成茶含水量之控制，茶葉含水量安全限量範圍為3%～4%，茶葉吸濕使含水量超過6%時，很多不利茶葉品質之化學變化會加速進行；含水量超出12%時，則茶葉開始長黴。相對濕度是引起茶葉變質的另一個直接原因；茶葉中茶多酚、蛋白質、醣類都是親水性化學物質，所以茶葉具有很強的吸濕還潮特性。茶葉吸水還潮的快慢，與儲藏環境相對濕度有密切關係。茶葉的吸濕性很強，為避免其吸濕劣變，務必採用防濕性良好之包裝材質。

光線

茶葉含許多成分對光線十分敏感，如兒茶素本身最怕光而形成色香味品質之劣變。葉綠素遇光則易再氧化脫鎂，灰變而失去光澤。許多食品照光後會產生「日光臭」（sunlight flavour），茶葉亦同，最典型的生成物化學成分為波伏來（bovolide，為一種酮類），此成分可做為茶葉是否經過光照之判斷依據。利用阻光

包裝材料妥善保藏茶葉是防止劣變的必要措施。

溫度

高溫導致茶葉品質劣變的化學反應快速進行，溫度越高茶葉品質劣變越快。

對綠茶而言，高溫儲藏不僅成茶鮮綠色外觀極難保存，茶湯水色亦會褐變。對清香茶而言，高溫加速敏感性的香氣成分揮發。

溫度每提高10℃，綠茶湯色和色澤的褐變速度加快3～5倍，試驗証明低溫儲藏是保藏茶葉最直接而有效的方法。理論上儲藏溫度愈低愈好，如以零下20℃儲藏，幾乎可以長期保存茶葉而不變質；然而從經濟價值觀點而論，0～5℃的冷藏溫度為較適宜。冷

茶席

藏庫之相對濕度亦應控制在60～70%之間；為防止異味污染冷藏庫應有循環的空調設施較為理想。

氧氣

茶葉含有許多成分，在後續儲藏中易進行氧化作用而導致品質劣變：

兒茶素再氧化導致茶湯滋味、水色劣變。

抗壞血酸氧化再與氨基酸 作用形成茶湯褐色成分。

一些與茶葉香氣有關之不飽和脂肪酸氧化生成醛、醇類等揮發性物質，導致陳茶味、油耗味（rancid odor）生成。

茶葉的保鮮條件

1. 茶葉含水量：茶葉含水量3～4％及低濕儲藏環境（空氣相對濕度低於50％）。
2. 光線：避光。
3. 溫度：低溫（5℃以下）。
4. 氧氣：脫氧（容器內含氧量低於0.1％）。
5. 時間：儘早飲用。
6. 吸收異味：密封或無異味的儲藏環境。

因此精緻而小量包裝技術為防止茶葉品質劣變之另一途徑，不論二兩或四兩裝之包裝，更顯示茶葉品質之保證，分批沖泡品茗，何樂而不為！

如何選購茶葉

臺灣地區氣候環境適宜茶樹生長，到處都有以茶知名的地方；由
於天然環境、栽培管理、品種原料及製造方法之不同，茶的種類
達數十種，品類甚多，因此茶葉本質上具備了品質之多樣性及複
雜性。縱然品種及茶類多，多觀察、多品嚐、多接觸，即可以買
到相宜品質的好茶，一般選購茶葉的要領，有下列方法去辨別：

一、形狀：每一種茶都有一定的標準形狀，有許多種茶葉都是根
　　據形狀來分級的。主要的條件是茶葉的老嫩，老而粗大的總
　　比幼嫩緊結又整齊者的品質差；此外茶梗、茶片、茶末含量
　　多者不好，夾雜物更不該有。

二、色澤：凡是有油光且新鮮者為佳，各種茶都有其標準色澤。
　　如紅茶以深褐色有光亮為上；綠茶須茶芽多呈翠綠色；包種
　　茶貴在有灰白點的青蛙皮狀，比較深綠；烏龍茶貴在具有
　　紅、黃、白三色顯明者為上品；花茶以新鮮青翠具有芽尖為
　　上。色澤灰暗、雜而不勻，都是劣等茶了。

三、水色：各種茶都有其標準水色，以明亮清澈呈油光為佳，上
　　好的綠茶力求蜜綠、條形包種茶呈蜜黃、半球形包種茶金黃
　　帶油光、鐵觀音茶呈琥珀色、烏龍茶橙紅鮮艷、紅茶鮮紅亮
　　麗。如果茶湯水色混濁且沈澱物多，都不是水準以上的茶
　　了。

四、香氣：這是茶品質的主要條件，各類茶由於製法及發酵程度
　　不同，茶葉具有特殊且不同的香氣，綠茶取其蔬果香、包種
　　茶具花香、鐵觀茶呈火候香、烏龍茶具有特殊蜜香，而紅茶
　　帶有一種焦糖香，除此之外，茶葉香氣力求濃郁且清純不
　　雜。若茶葉帶有其他氣味，沈濁不清之感，則屬下品了。

五、滋味：茶是飲用咀味的，以少苦澀帶有甘醇者為佳。入口之
　　後，滋味甘醇濃稠、鮮活爽口、收歛性強，飲後在喉間有久
　　久不淡具回味者才是上品，若茶葉帶有陳舊味、菁味、苦澀

味、悶味、焦味、火味、酸味及異味者則非上品。

六、葉底：將茶渣倒出桌面，審查其外觀之形狀及色澤；過程中可以觀察茶菁原料之採摘程度及標準與否、辨別茶葉品種及發酵程度適當與否、是否有攙假，如此一來茶葉品質之好壞已掌握在您心中。

選購茶葉自己心裡抱著一種研究態度，先行試飲，細嚐吟味。當茶湯進口，迴盪於口中一點時間，再經喉嚨吞入，稍候體會嗅覺與味覺的反應；凡是口腔有一種爽然快慰的感覺，芬芳久久不退，口裡覺得甘潤回味，就可證明這種茶對你是適宜的。當你經過數次試飲後，尤其是分別茶湯溫度的高低分數次試飲，更可以探知茶的真味；如此幾次試泡試飲，祇要泡法沒有差錯，一定可以選用你喜歡的茶類了。

總之，如何選用茶是需要講究的，否則選用自己不喜愛的茶會覺得花冤枉錢，甚至對茶也產生排斥性，談不到所謂的「品茗情趣」了。

 歲月的痕跡──陳年老茶

陳年老茶品質變動因素：

1. 原料：發酵程度、形狀、烘焙程度、茶香類型等因子。
2. 儲存技術：溫度、空氣（清濁、氧氣）。
   　　　　　水分（含水量、相對濕度）。
   　　　　　包裝（方式、器具）。
3. 烘焙程度：溫度、時間。
4. 時間。

理論上「茶葉」儲藏時間越久，品質越不安定。一些異味如陳味、油耗味、酸味等皆與儲藏時間有密切關係。儲藏期間兒茶素及氨基酸（水溶性）、葉綠素（脂溶性）、不飽和脂肪酸及類胡蘿蔔素（香氣前驅物質）成分產生了改變。

藏茶三部曲──陳味、悶味→酸味→轉韻，歷經三個轉韻期，如何去蕪轉韻，是陳年老茶品質之關鍵所在。

總兒茶素（％乾物重）

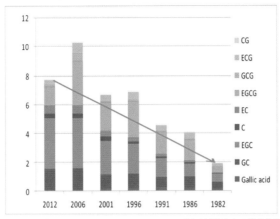

（摘自茶業改良場講義集）

游離型兒茶素（％乾物重）

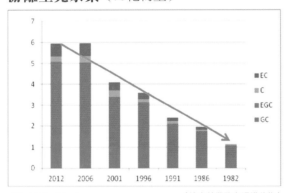

（摘自茶業改良場講義集）

酯型兒茶素（％乾物重）

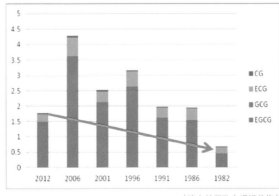

（摘自茶業改良場講義集）

儲藏年份對兒茶素
成分之變化

沒食子酸（％乾物重）

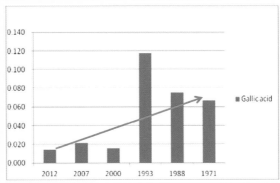

（摘自茶業改良場講義集）

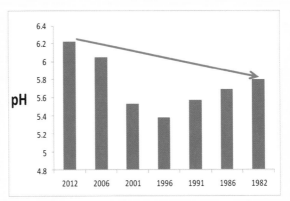

（摘自茶業改良場講義集）

儲藏年份對沒食子酸及pH值之變化

陳年老茶辨識

幼兒期
未經歲月的薰陶，毫無韻味

羞澀期
成分改變，韻味不足

轉大人
韻味形成，尚須努力

窈窕淑女
韻味形成，梅香飄逸

中年男人
韻味十足,風頭穩健

中年貴婦
韻香宜人,雍容華貴

丫嬤的茶
歲月痕跡，參香十足，誰與爭鋒

優質陳年老茶的陳放條件：

1. 茶葉→精選品質風味佳的茶葉。

2. 茶葉含水量→茶葉含水量7%以下，低濕（空氣相對濕度 ＜75%）。

3. 光線→避光。

4. 溫度→恆溫（25℃左右）。

5. 氧氣→ 適度空氣交換，通風。

6. 不吸收異味→無異味的儲藏環境。

7. 烘焙：採自然陳化，少烘焙。

當含水量高於5%或有異味、陳味產生時，輕烘焙（80～90℃）除去那些味道即可，嚴禁高溫烘焙。

老茶的未來展望

陳年老茶是大家最迷惑的一塊，也是大家最想知道的課題。人的一生歷經多少的歲月，遭遇什麼樣的命運，陳年茶也是如此。我們的孩子籠罩在愛的教育及溫暖的家庭之下，陳年老茶也需如此。

猶如陳年紅酒葡萄酒追逐時尚風味，而陳年老茶綻放陳香、梅香、樟香、人參香及湯質醇厚甘潤無限的空間。另外，據文獻發表，隨儲存時間增加，茶葉抗發炎能力越好，與儲存時間具正相關的沒食子酸、鄰苯三酚、咖啡醯酒石酸衍生物、奎寧酸衍生物、山奈酚醣苷、山奈酚醣苷及鞣花酸均與抗發炎活性有很好的相關性；因此，不論追逐老茶風味或保健成分，陳年老茶是另一種選擇，共享飲茶快樂時光。

陳年老茶評比（右圖）與包裝

茶與水的對話

水與茶樹生育

茶樹是多年生木本植物，亦是以葉用為主的作物，對水分的要求較高。水是茶樹生長發育過程中不可缺少的生活要素，沒有水，茶樹就不能生存。茶樹喜溫暖及水分充足，最適溫度年均溫約18～25℃，年降雨量1,800～3,000mm，相對濕度75～80%。 土壤pH值在4.0～5.5之間，透氣及排水良好的土壤，砂質壤土或砂質粘土。

大地土壤有三種型態，液態氣態各佔25%而固態佔50%；茶樹的根有主根、側根及鬚根三種型態，其中鬚根負責吸收水分及養分之用途。

土壤三態比例圖

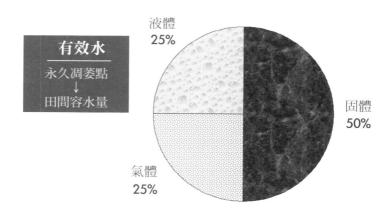

有效水

永久凋萎點
↓
田間容水量

液體 25%
固體 50%
氣體 25%

茶園水分的消耗，是以地面植被（包括茶樹、間作作物、雜草等）的根系吸收，由地上部枝葉蒸散及行間土壤蒸發為主，還有地表逕流與土壤深層滲漏。土壤中的水在地表水逕流與重力水排洩以後，土壤中仍保有最大的水分容量即指田間容水量（60%）。當土壤的水分含量低至植物出現無法恢復的凋萎現象時，該點稱為永久凋萎點（＜10%），有效水介於田間容水量與永久凋萎點之間。

茶樹生育過程若葉片水勢降至-0.3MPa，芽葉生長停止形成駐芽時，幼嫩葉片開始失去光澤。若葉片水勢降至-5.5MPa，到達臨界凋萎點，徵狀即迅速演變，茶樹即發生枝枯現象。根部吸收水分而維持生命，葉面層因蒸散作用而散失水分，茶樹整株含水量一般佔全株重量的60%左右。嫩梢、根尖、幼苗等生命活動旺盛部位含水量達80%以上，新採收芽葉的含水量一般為70～80%，

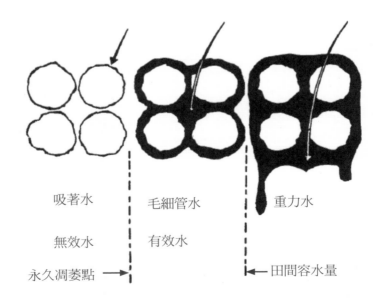

土壤有效水介於田間容水量與永久凋萎點之間 　　　　　　（摘自茶業改良場講義集）

鮮葉：

1. 75%水
2. 25%乾物質：
   (1) 碳11%
   (2) 氧2%
   (3) 礦物質2%
   (4) 其他10%

（摘自茶業改良場講義集）

水擔任茶樹生命的功能：

‧水參與光合作用，與CO_2一樣，是一種主要的原料。

‧水是構成細胞原生質之重要成分。

‧各種生理代謝作用，均在水溶液中進行。

‧水是作物體中物質移動之媒介。

‧細胞發生膨壓，具有支持力量，保持直立或一定之形狀。

‧氣孔的開放，也有賴保衛細胞維持膨脹的狀態。

‧水的比熱大，可防止作物體溫劇變，避免高低溫之危害。

噴灌

噴灌　　　　　　　　　　　　　　　　　滴灌

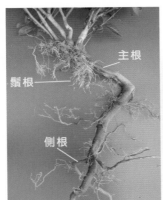

根吸收水分而維持生命　（摘自茶業改良場講義集）

（摘自茶業改良場講義集）

維持芽葉含水量在約75%左右
（摘自茶業改良場講義集）

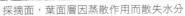

採摘面，葉面層因蒸散作用而散失水分

 # 水與茶葉製造

剛採的芽葉含水量高（約75～80%），細胞呈飽水狀態，芽葉鮮活膨硬，在萎凋過程中茶菁水分因葉面蒸發作用散失。茶菁失水過程約有86%是由葉片下表皮氣孔散失，約13%是經由葉緣水孔散失，約1%由採摘傷口散失。由於芽葉水份蒸發，使其彈性、硬度、重量和體積降低，即為物理性萎凋。

細胞水分的消散，導致細胞膜的半透性消失，原本在細胞中被胞膜分隔的成分即滲入細胞質內而相互接觸，藉著酵素的催化作用，進行複雜的氧化聚合化學變化，並同時成為其他成分如氨基酸類、胡蘿蔔素或脂類等變化的原動力，經過系列複雜的化學變化，產生茶葉特有的香氣、滋味及水色等，稱為生化性萎凋。

白茶、青茶及紅茶製程由萎凋步驟開始，當白茶在室內萎凋失水率達60～70%時即行乾燥，歸類重萎凋輕發酵的茶類；當紅茶在室內萎凋失水率達35～55%時即行重揉捻、補足發酵及乾燥製程，衍生茶黃質及茶紅質發酵產物，歸類全發酵的茶類。

青茶是由日光萎凋步驟開始，萎凋過程中每一階段水分變化，是提高茶葉品質的重要技術，避免芽葉因積水現象導致滋味菁澀、香氣不揚、水色偏黃、色澤暗綠及芽葉因消水導致滋味淡薄、香氣不揚、水色淡綠、色澤黃綠之品質；適宜之萎凋條件為室溫22～25℃及相對溼度70～80%之製茶環境，控制芽葉水分蒸發而

力求茶葉色、香、味之表現。俗稱「走水」，即芽葉水分蒸發均勻，力控茶葉適宜的發酵程度為目標。其中傳統凍頂烏龍茶萎凋及攪拌過程中使芽葉呈現「三分紅、七分綠」綠葉鑲紅邊現象，葉脈色淡、莖部走水消散、葉片柔軟而散發悅鼻芳香。

以上三種茶類都歷經萎凋的失水逆境，而青茶類又加上攪拌的葉片傷害逆境及紅茶重揉捻的葉片細胞組織破壞逆境，不同的逆境就衍生出不同風味的色香味品質。每一種茶類必須乾燥降低茶葉含水量至3％左右，防止儲藏期間品質劣變，延長儲藏壽命。

萎凋
- 白茶：室內萎凋（水分減少50～60％）
- 紅茶：室內萎凋（水分減少30～50％）
- 青茶：東方美人茶
  室外萎凋（水分減少25～35％）
- 水分減少：白茶＞紅茶＞青茶

水與茶葉儲藏

茶葉是一吸濕吸味性強之農特產品，極易在儲藏過程中吸收空氣中之水分及異味而破壞茶葉品質；茶葉之後續儲藏過程中，水分是茶葉品質成分化學反應的溶劑。水分越多，茶葉中有益成分的擴散移動和相互作用就越顯著，茶葉陳化變質也就越迅速。品質將緩慢漸進地劣變，很難維持原來的新鮮品質，以現代精密進步之包裝材質與技術亦僅能緩慢劣變速率。後續儲藏品質劣變主要為：

・香味消褪。
・滋味失去活性變得平淡，失去新鮮感。
・茶湯水色亦失去明亮度變為暗褐。
・外觀失去光澤。
・產生異味、陳味。

茶葉保鮮包裝力求阻氣阻光又防潮

水分與茶葉儲藏

1. 茶葉含水量低，品質變化緩慢。

2. 茶葉表面水分子單層存在時含水量約3％，此時水分是保護膜，為儲存茶葉最適含水量；茶葉吸濕使含水量超過6％時，很多不利茶葉品質之化學變化會加速進行；含水量超出12％時，則茶葉開始長黴。

3. 濕度是引起茶葉變質的另一個直接原因。茶葉中茶多酚、蛋白質、醣類等成分都是親水性化學物質，所以茶葉具有很強的吸濕還潮特性。茶葉吸水還潮的快慢，與儲藏環境相對濕度有密切關係。當相對濕度低於50％時，其吸濕速率較為緩慢，隨著相對濕度提高，茶葉吸濕速率也會提高。

4. 所以整體而言，控制茶葉含水量在安全量3～4％之下是透過三個條件配合而得：

    (1) 充分乾燥。

    (2) 利用防濕材料包裝。

    (3) 精製包裝和儲藏過程中儘可能在低相對濕度下進行。

水與茶葉沖泡

茶葉沖泡是水溶性成分的萃取，不同的水質沖泡，將影響成分的萃取而呈現不同的色香味品質。首先，先了解市售罐裝水有那些，作為沖泡茶葉之參考：

礦泉水

礦泉水是瓶裝水中，最廣為人知的種類之一；和泉水一樣，礦泉水同樣是來自地底、未受污染的地下礦物質水源，經自然湧出或人工抽取後，以物理方式過濾、除菌後加工裝瓶，其含有一定的礦物鹽、微量元素或是二氧化碳氣體。依照口感，礦泉水又分為純礦泉水、加味礦泉水及氣泡礦泉水。由於人體血液中含有各項元素，其中，微量元素的平均值與地殼中元素密切相關，礦泉水的礦物質含有人體必需的微量元素和礦物質，且水中的微量元素多是以離子狀態存在，更容易滲入細胞被人體吸收。因此，不少人選擇飲用礦泉水，以補充微量元素。

竹炭水

屬於純天然材質的竹炭，除了吸附、過濾的效果優異，也富含微量元素，並可遮蔽電磁波、釋放遠紅外線等，且具有調解濕度、除臭效果。因此，近年來常被廣用於清潔、寢具等商品中。竹炭用於飲用水中，除了可以除氯、過濾水中的雜質外，並可增加礦物質的含量。調整酸鹼值與改善水質，讓水質的飲用口感更甘甜。

蒸餾水

蒸餾水是取符合飲用水衛生標準的水質，經過高溫煮沸或是其他製程，去除水中的殘氯或二氧化碳等物質，但與純水不同，因蒸餾水也仍有保有些許的微量元素，或仍有正負離子的存在。根據蒸餾次數的差異，有一次蒸餾水、二次蒸餾水和三次蒸餾水等，一次蒸餾水還留有部分雜質，而二次、三次蒸餾水的純度更高，通常用於實驗。

海洋深層水

在水深超過200～300公尺所取得的海水稱為海洋深層水；由於水深200公尺以下幾乎照射不到光線，無法進行光合作用，植物性浮游生物因此處於休眠狀態並停止生殖，而植物性浮游生物生存所需要的必要營養素如氮、磷、矽都不會被消耗，因此，海洋深層水具有含豐富礦物質的特性。

鹼性水

當pH值為7，表示酸鹼平衡，pH值小於7為酸性，大於7則為鹼性。一般而言，人體會維持在pH值7.4的微弱鹼性，但是現代人愛吃肉，容易讓身體的酸鹼失衡，造成酸性體質，而有免疫系統功能降低、皮膚粗糙、血液循環不好、濕疹、皮膚搔癢、易感冒、記憶力減退、易煩燥不安等症狀，因此，鹼性水的主要訴求，就是幫助身體恢復酸鹼平衡。

純水

英文「Purified Water」的純水，指的是透過蒸餾、電解或是逆滲透等方式，去除掉水中對人體有害的物質及微量元素等所有物質，因此，純水不含任何礦物質或養分，也不含任何的正負離子。

RO逆滲透

逆滲透法Reverse Osmosis簡稱RO，利用壓力讓水從半透膜通過，因為薄膜緊密，孔隙小，可有效過濾水中所含細菌、病毒、化學有毒物質等雜質，甚至連礦物質也會完全濾除，經處理後的水就變成時常聽見的「純水」。

茶葉沖泡用水之水質內容包括pH值、軟硬度及礦物質成分，根據文獻及研究報告顯示：

1. 水質酸度以pH6.0～6.5為優，微酸性可使茶湯水色明亮，不暗黑。
2. 水中的鐵含量高於2ppm即損害茶的品質。
3. 化學構成臨時或永久硬水的總成分量不可超過10ppm。
4. 鎂的含量大於2ppm時，茶味變淡。
5. 鈣的含量大於2ppm時，茶味變澀，若達到4ppm，則茶味變苦。
6. 比較去離子水、蒸餾水和自來水對茶飲料混濁及沉澱之影響，發現離子水沉澱情形最少。
7. 以蒸餾水沖泡的茶湯水色較為明亮，自來水則水色較暗且在短時間內呈混濁狀。
8. 萃取水之pH越高，則萃取所得烏龍茶茶湯水色越暗紅，多元酚成分含量則越低。
9. 自來水沖泡茶葉比蒸餾水所得茶多酚含量要低，可能是自來水中的金屬離子與茶多酚形成絡合物，使得茶多酚含量降低，所以用金屬含量低的水沖泡茶葉對茶多酚的溶出有利。
10. 水中的鈣、鎂、鐵、鋅等離子能改變茶湯的水色和滋味，會使茶湯發生混濁、風味品質下降，其中隨著鈣離子濃度

增加，茶湯變混濁，顏色變黃，香氣品質下降，滋味變苦。

11. 自來水比純水更容易導致茶湯中兒茶素的異構化和降解，分析認為主要是由兩種不同水質的金屬離子含量和pH值差異引起的。

12. 鈣離子濃度高於40mg/L時，茶湯滋味會變苦澀，濃度高於60mg/L時茶湯濁度增加、香氣品質下降，而當鈣離子濃度小於15mg/L時可得到較好的湯色；鈣離子與茶湯組成分生成的錯合物，其溶解度及穩定性隨茶湯pH升高而下降，鈣錯合沉澱中的主要茶湯組成分是茶多酚。

13. 自來水和蒸餾水沖泡綠茶，以蒸餾水沖泡之茶湯有較高的抗氧化。

不同水質沖泡與分析

分析自來水、逆滲透、純水及A、B、C、D市售四種罐裝水之pH值、軟硬度及礦物質成分,其中以自來水的礦物質含量最高,A廠牌次之,而逆滲透、純水礦物質含量最少;pH值、軟硬度亦有相同的趨勢,顯示礦物質的數量與pH值、軟硬度與導電度(EC)呈正比,所以水中礦物質含量決定了水質的變化。

水質分析

	pH	EC	總硬度	Ca	Mg	K	Na	Fe	Mn
		μS/cm	mg/L	mg/L	mg/L	mg/L	mg/L	mg/L	mg/L
A	7.04	211	78	18.9	7.56	1.35	5.63	0.031	0.002
B	7.20	145	44	10.8	4.05	1.05	9.39	0.018	0.002
純水	6.05	8.77	3.7	1.11	0.22	0.40	0.94	0.018	0.001
C	7.16	149	45	11.0	4.21	0.94	9.35	0.021	0.001
D	6.39	27.4	8.9	2.43	0.69	0.43	1.83	0.026	0.001
自來水	7.88	215	82	21.9	6.54	1.97	6.00	0.037	0.001
逆滲透	6.05	1.25	1.9	0.54	0.14	0.48	0.34	0.065	

A.B.C.D來自市售四種礦泉水
七種水質個別礦物質的數量總和就是硬度總和
水的硬度與導電度(EC)和pH值呈正比

(摘自茶業改良場講義集)

以不同水質沖泡文山包種茶、高山茶和凍頂烏龍茶,調查茶湯水色b值(黃藍值)及pH值之變化,與礦物質含量量呈正相關,b值愈大,茶湯水色愈黃;b值愈小,茶湯水色愈明亮清澈。

不同水質沖泡文山包種茶、高山茶和凍頂烏龍茶之茶湯pH值變化

水質種類	茶葉種類		
	文山包種茶	高山茶	凍頂烏龍茶
A	6.54[b]	6.65[b]	6.41[b]
B	6.64[ab]	6.69[ab]	6.53[a]
純水	5.83[d]	5.93[d]	5.57[d]
C	6.58[b]	6.66[b]	6.43[ab]
D	6.00[c]	6.06[c]	5.78[c]
自來水	6.73[a]	6.76[a]	6.53[a]
逆滲透	5.76[d]	5.84[e]	5.55[d]

不同水質對茶湯pH值的變化：自來水＞D廠牌＞純水＞逆滲透
不論沖泡任何特色茶，茶湯pH值隨著水質而起舞

（摘自茶業改良場講義集）

不同水質沖泡文山包種茶、高山茶和凍頂烏龍茶之茶湯水色b值

水質種類	茶葉種類		
	文山包種茶	高山茶	凍頂烏龍茶
A	16.54[b]	16.44[a]	25.86[a]
B	17.42[ab]	17.07[a]	25.99[a]
純水	9.98[c]	9.73[b]	16.55[b]
C	19.06[a]	16.00[a]	25.67[a]
D	11.19[c]	10.43[b]	17.44[b]
自來水	17.72[ab]	16.70[a]	25.53[a]
逆滲透	9.85[c]	9.54[b]	17.11[b]

b值：黃藍值＋黃－藍
b值：A、B、C、自來水＞純水、D、逆滲透
不論沖泡任何特色茶，茶湯b值隨著水質而起舞

（摘自茶業改良場講義集）

不同水質沖泡高山茶之茶湯水色

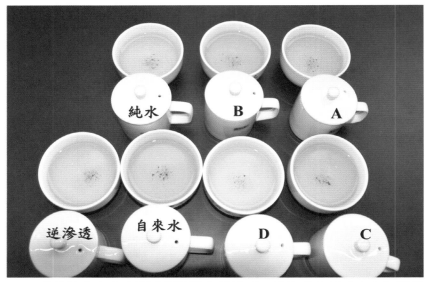

B、C廠牌及自來水水質因礦物質含量較高，沖泡高山茶或文山包種茶其水色呈現較黃

（摘自茶業改良場講義集）

不同水質沖泡文山包種茶之茶湯水色　　　　　　（摘自茶業改良場講義集）

不同水質沖泡凍頂烏龍茶、高山茶或文山包種茶之茶湯總兒茶素
含量變化，礦物質愈多，兒茶素含量愈少而呈負相關，因水中金
屬離子與兒茶素形成絡合物而含量減少。

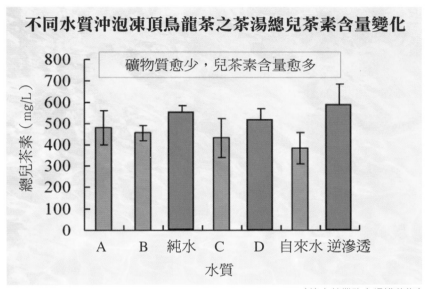

（摘自茶業改良場講義集）

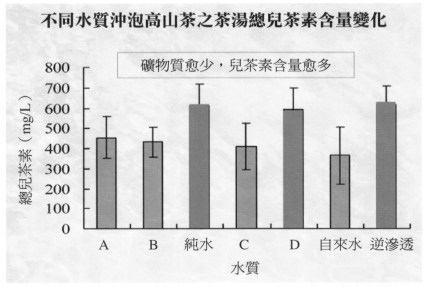

（摘自茶業改良場講義集）

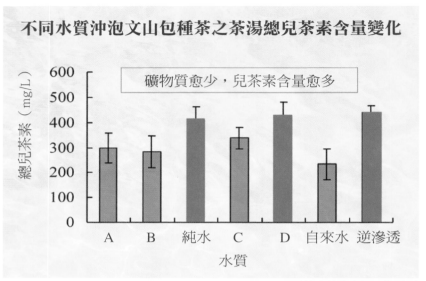

不同水質沖泡文山包種茶之茶湯總兒茶素含量變化

礦物質愈少，兒茶素含量愈多

縱軸：總兒茶素（mg/L）
橫軸：水質

A　B　純水　C　D　自來水　逆滲透

（摘自茶業改良場講義集）

不同水質沖泡文山包種茶、高山茶和
凍頂烏龍茶之茶湯咖啡因含量變化

單位：mg/L

水質種類	茶葉種類		
	文山包種茶	高山茶	凍頂烏龍茶
A	266[a]	279[a]	267[a]
B	265[a]	286[a]	270[a]
純水	258[a]	287[a]	254[a]
C	276[a]	275[a]	259[a]
D	266[a]	285[a]	251[a]
自來水	258[a]	280[a]	249[a]
逆滲透	267[a]	297[a]	268[a]

茶湯咖啡因含量不受不同水質沖泡之影響

（摘自茶業改良場講義集）

不同水質沖泡文山包種茶、高山茶和
凍頂烏龍茶之茶湯總游離氨基酸含量變化

單位：mg/L

水質種類	茶葉種類		
	文山包種茶	高山茶	凍頂烏龍茶
A	166[a]	187[a]	111[a]
B	175[a]	196[a]	112[a]
純水	180[a]	201[a]	94[a]
C	184[a]	209[a]	108[a]
D	181[a]	211[a]	110[a]
自來水	168[a]	219[a]	108[a]
逆滲透	177[a]	209[a]	109[a]

茶湯氨基酸含量不受不同水質沖泡之影響

（摘自茶業改良場講義集）

不同水質沖泡文山包種茶、高山茶和凍頂烏龍茶，茶湯咖啡因及
氨基酸含量變化結果含量變化不顯著。

因此，不同水質沖泡茶湯成分之變化，當水中礦物質濃度增加時
總兒茶素含量減少，而咖啡因及氨基酸含量不變。

不同水溫沖泡與分析

紅茶

東方美人茶

凍頂烏龍茶

高山茶

文山包種茶

綠茶

沸水　　　　　　90℃　　　　　80℃

水溫愈高，水色愈深　　　　　　　　　　（摘自茶業改良場講義集）

水溫愈高，水色愈深且茶湯b值增加，但茶湯pH值變化不顯著；泡茶水溫與茶葉中有效物質在水中的溶出率呈正相關，水溫越高，總兒茶素、咖啡因、氨基酸溶解度越大，茶湯就越濃；反之，水溫越低，溶出率越小，茶湯就越淡。

用65℃沖泡煎茶，其氨基酸容易溶出，而兒茶素類不易溶出，可提高茶湯的甘味，減降苦澀味，亦即提高其品質。以高溫（90℃）沖泡綠茶時，其茶湯滋味較低溫（70℃）沖泡者苦澀，

乃由於茶葉中的苦澀味成分咖啡因及多元酚類在高溫下有較高的
溶出率。

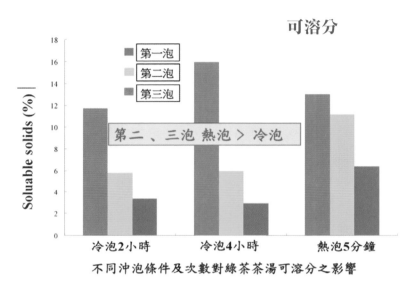

可溶分

第二、三泡 熱泡 > 冷泡

不同沖泡條件及次數對綠茶茶湯可溶分之影響

（摘自茶業改良場講義集）

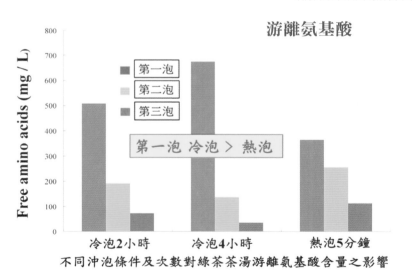

游離氨基酸

第一泡 冷泡 > 熱泡

不同沖泡條件及次數對綠茶茶湯游離氨基酸含量之影響

（摘自茶業改良場講義集）

酯型兒茶素 EGCG

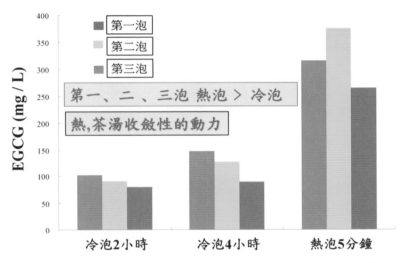

不同沖泡條件及次數對綠茶茶湯EGCG含量之影響

（摘自茶業改良場講義集）

咖啡因

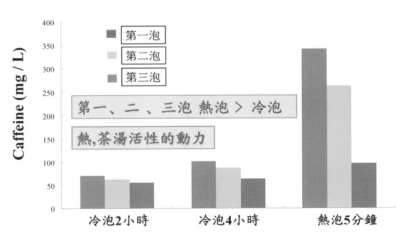

不同沖泡條件及次數對綠茶茶湯咖啡因含量之影響

（摘自茶業改良場講義集）

冷泡茶化學成分溶出率之研究：
茶水比例1:50，4℃冷水冷泡2小時及4小時，熱泡5分鐘， 探討
化學成分溶出率：

可溶分
熱水沖泡效應之條件下，葉片細胞組織全面展開，不論第二或三
泡熱泡溶出率皆比冷泡高，顯示喜愛喝濃厚茶湯可採熱泡方式。

游離氨基酸
在低溫沖泡下，游離氨基酸有較高溶出率，因此在提高甘甜度及
減少澀味綠茶適合冷泡。

酯型兒茶素
熱水沖泡效應之條件下，酯型兒茶素第一、二、三泡比冷泡有較
高溶出率，為了提升茶湯收斂性的動力則適合熱泡。

咖啡因
熱水沖泡效應之條件下，咖啡因含量第一、二、三泡比冷泡有較
高溶出率，為了提升茶湯活性的動力則適合熱泡。

茶葉中各種有效成分的溶出率不盡相同，不同沖泡次數之茶湯化
學成分含量會受到沖泡水溫和沖泡時間等條件的影響。

冷泡茶時，游離型兒茶素和游離氨基酸在4℃的冷水中，有較好
的溶出率；而酯型兒茶素和咖啡因則需高溫沖泡較易溶出，冷泡
2小時和4小時之咖啡因三泡總和低於熱泡5分鐘第一泡之含量。

對於咖啡因較敏感的人可以考慮冷泡的方式，降低咖啡因的攝取；若想要攝取較大量的兒茶素，則建議使用高溫的水沖泡。

冷泡茶

- 「冷泡茶」是指將茶葉放入冷開水中經過較長時間的浸泡釋出茶葉中的內含物質，茶湯香氣滋味較為清雅，與沸水沖泡者截然不同。
- 冷泡時間可視個人對茶湯滋味濃淡度之喜好而調整之，綠茶冷泡時間不建議超過4小時，超過4小時則茶湯澀味明顯。
- 重香氣的茶類如文山包種茶，冷泡時香氣不易顯現；凍頂烏龍茶與鐵觀音冷泡後，因茶葉較緊結且冷泡水溫低，所以會有茶葉不易舒展之情形。
- 冷泡茶亦可使用室溫的冷開水或碎形茶葉（如袋茶），但須縮短冷泡時間，避免茶湯滋味苦澀，因為溫度及接觸面積大小會影響茶葉中可溶性物質之溶出率，溫度越高、接觸面積越大則溶出速率就越快。
- 在游離型兒茶素之含量方面，冷泡茶比熱泡茶多；在酯型兒茶素含量及咖啡因方面，熱泡茶比冷泡茶多。
- 冷泡茶之茶湯水色較熱泡茶明亮，冷水萃取時對於游離氨基酸含量有較好的萃取率。

PART-8 捌

茶葉色香味
品質官能評鑑

感官品評是一門以科學的方法，藉著人的視、嗅、味、觸及聽等五種感覺來測量與分析食品或其他物品之性質的科學。

回憶過往，特別感念茶業界評審權威，同時也是前場長吳振鐸先生的栽培提攜，帶領我從1981年起進入全臺優良茶比賽領域；初期跟隨老師四處走訪，親身體驗所有比賽的評鑑情形，發現茶葉品質存在著許多複雜因素，也深刻體悟到評鑑茶葉的工作，必需擁有許多專業領域的知識，包括田間栽培、製茶及烘焙技術，包裝和儲存等等，都會影響茶葉品質好壞。也因此踏入茶感官評鑑領域慢慢摸索，從茶葉品種、栽培管理、氣候環境、製茶技術、包裝儲存和精製等作業流程切入，以深入暸解茶葉品質。自1982年迄今，擔任各茶區優良茶比賽分級工作高達八百場次，也在歲月洗禮和專業累積之下，有效提升茶農產製技術及建立品牌及輔導茶葉行銷。

這幾年健康意識逐漸抬頭，人們追求高品質的生活境界，因此致力於探索茶與健康對生命的意義，讓大家活得健康又快樂。茶葉品質感官評鑑的專業領域，不論是茶農的憨厚、茶園的脆綠、製茶的茶香、品評及品茗對茶葉品質有所追尋，藉本書希望大家對茶感官評鑑有深厚的基礎與認知。

近年來應用於食品檢驗之科學儀器不斷創新，在短時間內即可迅速測出化學成分及物理測值與品質之相關性，使產品規格化，確立材料和成品的基準。但是茶葉的審查項目中，包括外觀（形狀、色澤）、水色、香氣、滋味及葉底等6個項目，在精密儀器不斷問世的今天，應用科學儀器來分析鑑定，目前尚處於試驗研究階段，尤其是複雜化學成分組成的茶葉香氣與滋味之測定，目前仍然憑著人類的味覺與嗅覺來作品評判斷，尚無其他方法可予取代。同時，茶葉品質官能評鑑具有：

一、評審人員以視覺、嗅覺、味覺及觸覺感官系統能迅速評鑑茶葉形、色、香、味的優劣。
二、敏銳地判別茶葉品質與製作技術、栽培管理、包裝貯存等條件之相關性。
三、能判別茶區、品種之風味特性。
四、針對市場需要加以分級，應用拼堆技術發揮茶葉的經濟價值。
五、不需要購置精密儀器，減少設備投資之負擔。所以「官能審查」在茶葉品質鑑定工作上一直擔當重要角色。

人類感官細胞數目（個）

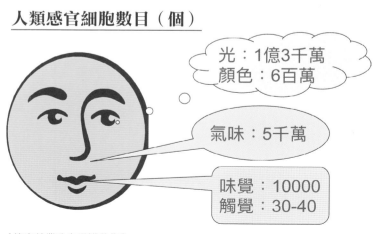

光：1億3千萬
顏色：6百萬

氣味：5千萬

味覺：10000
觸覺：30-40

（摘自茶業改良場講義集）

評審人員之條件

茶葉品質官能審查易受取樣（sample）、空間（space）、嗜好（preference）、疲勞（fatigue））、印象（impression）、外觀（appearance）、後味（after taste）而產生誤差。人類五官感覺由於受到時間及精神上的限制，準確度則前後有所差異，可能人為的誤差比茶樣本身的差異還要大，如何減少或消除誤差為評審人員應注意且需具備的條件。

另外，影響茶葉品質之因素極為複雜，不論品種特性、芽葉原料之優劣、採摘期及標準是否適當、季節及製茶技術等都關係著茶葉品質之表現；所以，官能審查的正確性與評審人員的客觀性、持久性、反覆性及再現性有密切的關係，因此評審人員不但要有學術研究上的基礎，且必須要有深厚的經驗累積。

因此茶業改良場推出評茶員認證制度，提升社會大眾對茶的評鑑能力，同時教育訓練，以俾品質的認知及全民喝茶的推展。

評茶環境及用具

茶葉品質官能評鑑是否正確，除評審人員應具有敏銳的審查能力及熟練的技術與經驗外，必須配合良好的評茶環境及設備。評茶的地方宜採自然光，光線力求充足，均勻且避免陽光直射。評茶室色彩以白色為宜，空間力求空氣清新且乾爽，室內溫度25℃及相對濕度60%左右，並遠離廚房、浴廁及儲藏室等易生異味的場所。此外，評茶室力求安靜，俾使評審人員聚精會神，提高評審效果。同時評茶室內應置評茶台（檯面漆黑）及茶樣櫃，以便評茶操作及置放評審用具。另外，購置冷藏櫃以便茶樣之儲存，避免茶葉品質之劣變。評茶用具質地要好，規格一致且完美，儘量減少客觀上的誤差，常用的評茶用具包括下列各項：

審查盤：供盛放茶樣以便取樣沖泡及審查外觀（形狀及色澤）；木板、塑膠或金屬製成，漆成白色為宜，一般容量為150～200公克。

審查杯：供茶葉沖泡及審查茶葉香氣之用；一般使用白瓷，容量約150毫升，規格採國際標準所規範的標準（內徑6.2公分、外徑6.6公分、杯高6.5公分、杯蓋上有小孔）。

審查碗：供茶湯盛放，用來審查茶湯水色及滋味；亦使用白瓷所製成，規格為外徑9.5公分、內徑8.6公分、碗高5.2公分、容量約200毫升。

秤量計：供秤取茶樣用；置放3公克茶樣之手秤、天平秤或手攜式小型電子秤皆可使用。

計時器：供茶葉沖泡計時用，可使用定時鬧鐘或沙漏計。

審查匙：供舀取茶湯品評用，一般使用銀製或鎳銅合金之長柄匙，容量約5毫升左右。

茶渣桶：評茶時用以倒茶湯及茶渣用，通常用鍍鋅鐵皮所製成。

燒水壺：供燒水沖泡茶葉用，鋁製或不鏽鋼手提壺，容量約8～10公升。

 評茶用水

評茶用的水對茶湯的水色、香氣及滋味有很大的影響，品質好的茶葉若用水質不佳的水沖泡，很難沖泡出茶葉的特性，因而影響評茶之準確性。評茶用水最好選擇含鈣、鎂離子較少的軟水沖泡較佳，軟水可以有效溶出茶葉主要化學成分，使得香氣滋味之表現具代表性，以使用逆滲透處理過的水為宜。

水的軟、硬（礦物質離子）、清濁及酸鹼度等對茶湯的水色、香氣、滋味影響極大。

微酸性水質沖泡之湯色透明度好；偏中性或微鹼性水質，會促進多元酚類氧化，湯色變暗，鮮爽度差，滋味變鈍。

鈣、鎂及鐵等礦物質離子太高之硬水，茶湯暗而苦澀。

評茶用水宜利用煮沸的水，溫度約100℃，過度煮沸的水或水溫不足皆不宜用做評茶用水。

用煮沸的水沖泡茶葉，茶湯水溶性成分較多，茶葉的香味表現無遺，可正確判斷茶葉品質的優劣。

每次用新煮開的水沖泡，避免過度煮沸（熟湯味），水中空氣減少，影響茶湯表現。

茶葉品質鑑定方法

一、沖泡方法

秤取3公克茶葉放入審查杯，沖入沸騰之開水150ml（茶葉濃度2%），加蓋靜置5分鐘（條形茶）或6分鐘（球形茶）後將茶湯倒入審查碗供作湯質之品評，茶渣留在審查杯中，以供審查之參考。

秤茶 　（摘自茶業改良場講義集）沖泡 　（摘自茶業改良場講義集）審水色 　（摘自茶業改良場講義集）

聞香 　（摘自茶業改良場講義集）評滋味 　（摘自茶業改良場講義集）審葉底 　（摘自茶業改良場講義集）

二、評茶項目

評茶項目大可為外觀（形狀、色澤）、湯質（水色、香氣、滋味）及葉底等三項，各項審查標準因茶類不同而異，大致可分為：

1. 外觀（20%）：審視茶葉形狀色澤、條索及夾雜物。
2. 水色（20%）：審視茶湯顏色是否清澈明亮具油光。

3. 香氣（30%）：嗅聞茶葉香味之種類、高低、強弱、清濁、純
　雜或異味等。

4. 滋味（30%）：嚐茶湯之濃稠、淡薄或甘醇、苦澀、活性之有
　無，刺激性與收斂性。

5. 葉底：審視開湯後茶渣的色澤、舒展度與勻整度，並可藉由茶
　渣瞭解品種、製茶過程是否有缺失。但一般葉底不計分。

通常外觀分為形狀及色澤，審查條索之鬆緊、輕重、粗細、整
碎、勻度及副茶或雜夾等。在色澤方面審查其枯潤、鮮暗及調和
與否。

水色靠視覺評審，茶葉沖泡後其可溶物溶解在沸水中的溶液所呈
現的色彩，稱為湯色或水色。茶葉之湯色以明亮清澈、鮮麗為
佳，並觀察湯色之深淺、清濁、鮮暗及查看茶湯中游離物及沉澱
物之有無。

香氣是依靠嗅覺來辨別、
聞香氣應以熱聞、溫聞及
冷聞三個階段來進行；熱
聞重點在於辨別香氣正常
與否、香氣類型及高低。
然而，嗅覺神經受到燙的
刺激，敏感性受到影響，
因此辨別香氣的優劣還是
以溫聞為宜，準確性較
大。冷聞主要是了解茶香

琥珀	橙紅	鮮紅
鐵觀音	白毫烏龍茶	紅茶

蜜綠	蜜綠	蜜黃	金黃
綠茶	文山包種茶	高山茶	凍頂烏龍茶

聞香

的持久性，或者在評審過程中有兩個茶樣的香氣在溫聞時不相上下，可以根據冷聞的餘香程度來加以區別。評審茶葉香氣包括香之高低、清濁、純否、類型及火候等項目，逐一靠嗅覺來評比。

評審

滋味是由味覺器官來區別，當不同茶味刺激於味蕾之後，味蕾立即將刺激的興奮波經過轉入神經傳到大腦，經大腦分析綜合後，於是產生不同的味覺。茶湯太燙時味覺受強烈刺激時而麻木，太冷時則味覺靈敏度降低，因此，一般嚐滋味的溫度以45～50℃較適合。評審滋味主要按濃淡、強弱、火候、苦澀、甘滑、甜和及異味等評定優劣。評審首當其衝必須對包種茶10大忌味，包括陳味、菁味、苦味、澀味、焦味、火味、悶味、淡味、酸味及異味，形成原因必需有所了解，以便掌控茶葉品質優劣高低的評定標準。

審視葉底

評審葉底主要靠視覺和觸覺來判別，首先應將茶渣倒入評審盤或葉底盤中，並充分發揮眼睛和手指作用。根據葉底的老嫩、發酵程度、色澤、均勻度、軟硬、厚薄等來評定優劣，同時應注意有無摻雜及異常的損傷。

審葉底

三、評茶方法

茶葉開湯倒出後，首先評定茶湯水色，比較其濃淡、清濁、彩度及明亮度；接著將杯中茶渣以鼻吸三口氣評鑑香氣之種類、濃淡、清濁與純正與否，並把審查杯作上、中、下位置之排列，供為茶湯香氣及滋味之參考；俟茶湯溫度降至45℃左右時，取茶湯5ml含入口中，以舌尖不斷地振動湯液，使茶湯與舌尖、舌根、舌兩側之味覺細胞及口腔黏膜不斷接觸，辨別茶湯之甘醇、濃稠度、苦澀及其活性、收斂性等。在評定滋味之同時將口腔中茶葉香氣經鼻孔呼出，瞬間評鑑茶葉之香氣。為了提供審查更精確之判斷，再觀察葉底之色澤、老嫩、均一性及發酵程度適當與否等，最後綜合評斷茶葉品質之高低。

茶葉的品質隨著原料、製作技術、烘焙、精製及儲藏條件而有差異，品質上有其多樣性及複雜性；不論如何茶葉品質官能評鑑有其一定的客觀標準，評審人員秉持客觀、公平、公正的態度評審，在每個評審項目之間，作詳細的比較參證，嚴格按照評茶程序和方法，以取得精確的評審效果。因此首先了解優質清香型烏龍茶（俗稱高山茶），製程包括採摘茶菁、萎凋、靜置萎凋與攪拌、炒菁、揉捻、初乾、（團揉）、乾燥、揀枝、烘焙、拼配及包裝儲存。每個製程都相當的重要，加工煩雜最講究技術而最難製造之茶類，品質上常見之缺點其形成的原因歸納如下。

（資料取自茶業改良場講義集）

茶之苦

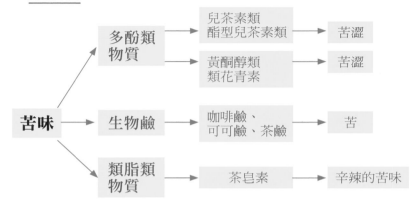

綠茶滋味的本質

綠茶茶湯中綜合反映的結果，感官上形成鮮、醇、爽的特徵。醇是氨基酸與茶多酚含量比例協調的結果，名優綠茶其酚／氨比在4～6之間，鮮是氨基酸的反映，兩者協調，醇鮮自生。茶葉中的游離氨基酸約有20餘種，其中以茶氨酸（Theanine）最多，與茶湯品質的相關係數0.8，其被認為是綠茶甘味的主要成分之一。梗部比葉片含有較高量的茶氨酸；就葉片而言，仍以一心一葉的幼嫩部位為多，並隨葉片的成熟度增高而遞減。

紅茶滋味的本質

· 紅茶的滋味中，工夫紅茶以鮮、濃、醇、爽為主，碎形紅茶則以濃強、鮮爽為主，輔之以收斂性、醇和、鮮強等，以區分等級與類別。在這裡氨基酸在品質化學鑑定時，便處於輔助地位，而主要是茶多酚，更確切來說是兒茶素及其氧化產物茶黃素起重要作用，為決定碎形紅茶的鮮爽度與茶湯明亮度的重要成分。

· 由以上可知，因嫩葉中所含之兒茶素、游離氨基酸等物質較多，故適當嫩採對於成茶滋味非常重要。

茶葉香氣的本質

鮮葉本身含有的芳香物質只有少量幾種，其餘是在加工製造過程及精製烘焙形成的。影響茶葉香氣形成的因素有茶樹生長環境、品種、栽培管理、芽葉嫩度與加工方法等。一般而言，高山茶香氣較平地茶優雅，小葉種較大葉種好，嫩葉製造者比老葉製造者好；另外，加工及時、原料新鮮的茶比悶堆過久、原料變質之茶葉香氣好且新鮮。

優質烏龍茶十大忌味

一、陳茶味

1. 茶儲藏條件不當，兒茶素類自動氧化，其水色呈現偏黃而暗濁。
2. 茶儲藏條件不當，葉綠素裂解作用，其色澤呈現灰綠而失去鮮感。
3. 茶儲藏條件不當，氨基酸脫氮現象而滋味呈現淡薄。
4. 茶儲藏條件不當，茶葉吸濕作用，其滋味濁而不清。
5. 茶儲藏條件不當，一些不飽和脂肪酸氧化生成之醛、醇類而導致陳味、油耗味之生成。

茶葉成品在儲藏過程中由於氣候環境之氧氣、水分、光線及溫度的作用，導致成茶外觀失去光澤、茶湯水色褐變、失去活性、缺乏刺激性與醇厚感，變得平淡無味。更由於兒茶素化性活潑，後氧化後會促使其它茶葉香味成分（如脂肪族化合物）之再氧化，導致異味生成，尤其是典型之油耗味、陳味。形成之淡味、陳味與澀味結合在一起，茶湯難於入嚥而有不悅的感覺，此時必須藉著烘焙技術來改善茶葉的品質。

茶葉烘焙之操作乃溫度及時間之效應，若操作不當而呈現淡熟澀或陳熟澀之加成滋味，因而降低茶葉經濟價值。因此，若茶葉儲藏不當而形成滋味粗澀之感覺，烘焙改善茶葉品質之空間已受侷限。

‧防範措施：

1. 確保茶葉含水量在安全限量3～4%，為長期保藏茶葉重要關鍵。
2. 茶葉冷藏最經濟適宜的冷藏溫度為0～5℃。
3. 真空或充氮包裝或添加脫氧劑為防止茶葉儲藏再氧化良好之方法。
4. 鋁箔積層袋具有不透光防潮功能，是為一良好的茶葉包裝材質。
5. 具有良好的防濕、阻氣、不透光、耐擠壓的包裝材質為茶葉包裝基本要求，茶葉包裝應符合基本要求再求美觀。

二、菁味

1. 栽培管理氮肥施用過多，葉呈暗綠色，香氣不足而菁味重。
2. 茶菁萎凋過程中，室溫低、濕度高，葉中水份散失（走水）不暢，發酵作用無法進行，也是造成菁味之原因。
3. 茶菁幼嫩或清晨露水重時採摘不當，攪拌時易造成葉部組織損傷，水分散失不流暢（俗稱積水），製作成品色澤暗黑，呈臭菁味而難以入口。
4. 茶菁原料過於老化。
5. 炒菁不足。

‧防範措施：

1. 栽培管理氮肥施用不宜過量。
2. 茶菁靜置萎凋過程中，室溫22-25 ℃、相對濕度70% ，葉中水份散失（走水）順暢，發酵作用進行順暢。
3. 茶菁採摘標準及成熟度佳。
4. 力控炒菁溫度及時間，足而不焦。

三、苦澀味

1. 茶菁放置過多或過久，原料易受傷，於傷口處發生不正常發酵，色澤紅變帶苦澀而品質下降。

2. 幼嫩茶菁因攪拌動作不當，導致菁味及苦澀味之產生。

3. 依品種特性而言，適製紅茶品種（如臺茶8號、阿薩姆種）兒茶素類之含量高於適製綠茶及包種茶之品種；適製部分發酵茶品種兒茶素含量不同，茶湯苦澀程度亦不同，以製作包種茶為例，青心大冇具強烈苦澀味及菁味，臺茶12號具強烈澀味，青心烏龍味甘醇、澀味較弱。

4. 沖泡茶葉時因溫度及時間條件不當，而導致苦澀味之產生。

在部分發酵茶製造技術方面，一般來說澀味的形成多半起因於「不當的靜置萎凋及攪拌」。其製程中講究的是發酵程度之適當性，若發酵不足則滋味淡澀，發酵不當則品質呈現粗澀，若攪拌不當而茶葉組織受損，導致水分無法蒸發而呈現積水現象，則品質易形成菁澀味，因此包種烏龍茶類澀味形成之原因來自不當的發酵。

在沖泡茶葉方面，茶湯萃取物的濃度隨著水溫的升高而升高，根據實驗的結果，以水溫70℃、80℃、90℃來萃取茶葉可溶物質20分鐘之後所到達的平衡濃度為3.55、3.62、3.82g/L，而以90℃溫度沖泡茶葉，其茶湯滋味較70℃低溫沖泡者苦澀。這是由於茶葉多元酚類在高溫下有較大單位的溶出速率。而兒茶素的含量為綠茶（嫩葉）＞綠茶（老葉）＞部分發酵茶類＞紅茶類。故沖泡綠茶時溫度不宜過高，以免因兒茶素含量高而苦澀味重，因此民間也有「發酵程度越重的茶，可以使用較高水溫來沖泡」的說法。

‧防範措施：

1. 製程中避免茶菁放置過多或過久而原料受傷。

2. 製作青茶類，攪拌為其獨特之步驟，避免嫩採因攪拌不當而造成芽葉損傷。

3. 依據品種特性來製茶，尤其青茶類關鍵在於日光萎凋、靜置萎凋及攪拌，操作必須依原料老嫩，陽光強弱，溫度高低，風速大小作適當調整，所謂「看菁做茶，因時因地而制宜」，是部分發酵茶製作上之原則。

4. 沖泡技術：依據茶類慎選沖泡用水、時間及溫度。

四、雜（異）味

1. 茶葉是一種組織結構疏鬆多孔的物質，所以極易吸收異味和水分。

2. 非茶葉應具有之氣味如煙味、霉味、陳味、油味、酸味、土

味、日曬味等不良氣味，一般都指明屬於那種雜味，若無法具體指明時以雜（異）味稱之。

‧防範措施：

1. 茶葉應儲放於乾淨、清潔、不潮濕、無異味污染、低溫且陰暗場所。
2. 茶葉保藏應避免吸濕外，並應避免高溫和光照。
3. 具有良好的防濕、阻氣、不透光、耐擠壓的包裝材質為茶葉包裝。
4. 鋁箔積層袋具有良好的防濕、阻氣、不透光功能，是為一良好的茶葉包裝材質。

五、淡味

1. 茶菁過度老化。
2. 萎凋時茶菁水分散失過度或揉捻不足所致。
3. 炒菁程度太乾。
4. 儲存條件不當或過久所致。

‧防範措施：

1. 注意茶菁採摘標準及成熟度。
2. 製程中避免靜置萎凋過久而茶菁呈消水狀態。
3. 避免茶葉儲存不當或過久。
4. 揉捻足而形美。

六、悶味

1. 似青菜經燜煮之氣味，俗稱「豬菜味」。
2. 茶菁進廠堆積太厚或過久。
3. 炒菁時不適時排除水蒸氣。

4. 揉捻後未適時解塊。

5. 布球揉捻過程包揉過久而未適時解塊。

6. 初乾後茶葉靜置過夜，因含水量高且堆積厚所致。

・防範措施：

1. 茶菁進廠後避免堆積厚且過久。

2. 炒菁時適時排除水蒸氣。

3. 揉捻後必須適時解塊。

4. 布球揉捻過程包揉不能過久且必須適時解塊。

5. 初乾後靜置過夜，力控含水量且堆積不能太厚。

七、火味

包種茶之製造經過萎凋、攪拌、炒菁、揉捻後加予乾燥，使水份含量低於4%，防止茶葉品質劣變。一般而言，由於茶梗水分多、組織厚，水分較不易散失；葉部組織較薄而水分較易散失。由於茶菁原料水分分佈不均，高溫乾燥時茶葉成品易帶火味，此味生硬而不滑、入喉而不回韻，與甘醇韻厚、過喉徐徐生津之感受截然不同，所以乾燥不宜一次處理。

・防範措施：

乾燥過程具有水分蒸發、熱化學變化及形狀塑造之效應；第一階段乾燥以水分蒸發及制止茶葉化學作用為主，應提高溫度及薄攤葉量；第二階段乾燥對形狀有塑造緊結之效果；第三階段乾燥溫度會影響香氣之形成，因此根據乾燥的階段性，應採分次乾燥。

八、熟味

高山茶色澤墨綠鮮活、滋味甘滑而富有活性，屬中發酵輕烘焙之茶類，優雅之香氣及細膩之滋味為其品質特徵。熟味之形成，在

於烘焙時超越溫度與時間控制不當所致。凍頂茶屬中發酵中烘焙茶類，若烘焙不足而呈現包種味，或呈熟味而韻味不足，失去了凍頂烏龍茶的特色。鐵觀音茶滋味醇厚甘鮮，入口回甘喉韻強（觀音韻），香氣馥郁而持久，若烘焙不足而呈現包種味，或呈熟味而韻味火候不足，失去了鐵觀音茶的特色。

‧防範措施：

高山茶：第一階段烘焙起始溫度以90～100℃為宜，烘焙時間6～8小時，端視初製茶之含水量及緊結度作適當的調整。將茶葉靜置1～2天後使茶葉成分及水分重新分佈後再行第二階段烘焙工作；此階段起始溫度85～90℃烘焙2～4小時，去除茶葉中殘留之菁、雜及水分；接著再以80～85℃烘焙4～6小時，使茶葉成分及品質趨於穩定。

凍頂烏龍茶：第一階段烘焙起始溫度以90～100℃為宜，烘焙時間8～10小時後，靜置2～3天待茶葉成品「回菁」。第二階段烘焙溫度100～110℃逐漸加溫方式烘焙6～8小時，將菁味、水分去除後形成「熟氣」為主軸，然後將茶葉靜置2～3天。第三階段以開放式電焙籠進行烘焙工作，起始溫度110℃以5℃升溫方式逐步烘焙，以形成凍頂茶韻味。

鐵觀音茶：第一階段以90℃及100℃各烘焙4小時後靜置2～3天。第二階段烘焙，以100～110℃為烘焙溫度之範圍，各烘焙4小時，再將茶葉靜置2天後讓「熟氣」均勻分佈。第三階段烘焙以起始溫度110℃烘焙2小時後升溫至115℃及120℃分別烘焙2～3小時。第四階段乃使「鐵觀音喉韻」品質穩定、以溫度120～130℃烘焙，每隔一小時取樣品評鑑定。

九、酸味

1. 最後一次攪拌至炒菁前，靜置萎凋時間過久。
2. 初乾靜置過夜至團揉前，因含水量高且靜置時間過久。
3. 紅茶發酵時間過久。
4. 茶葉儲藏期間，包裝不當導致茶葉吸濕而變質。

‧防範措施：

1. 最後一次攪拌至炒菁前，靜置時間不宜過久，掌握炒菁時刻（菁香→香）。
2. 初乾靜置過夜至團揉前，控制含水量且靜置時間不能過久。
3. 紅茶發酵時間不宜過久（約2至2.5小時）。
4. 茶葉儲藏期間，慎選防濕、阻氣、不透光、耐擠壓的包裝材質及放置場所，避免茶葉吸濕而變質。

十、水（回潮）味

1. 茶葉乾燥度不足所致，茶葉內層水分及菁味向外層擴散（俗稱吐菁）。
2. 茶葉儲藏期間，包裝不當導致茶葉吸濕而含水量增加。

‧防範措施：

1. 確保茶葉含水量在安全限量3～4％，為長期保藏茶葉重要關鍵。
2. 茶葉精製室及包裝室最宜保持相對濕度在60％左右，以避免於精裝或包裝過程中茶葉吸濕。
3. 茶葉包裝具有良好的防濕、阻氣、不透光、耐擠壓的材質。

茶之澀

另外茶之澀味，乃眾所皆知普遍存在茶葉品質上，因此對它必須有所了解：

提到澀味，一般人最常用來形容的敘述是：吃了不成熟水果所造成口腔乾燥與皺縮的感覺，或者是舌頭麻麻的不適感。在人類味覺系統中，擔任味覺接收器的有兩種，一為分布在舌頭上的味蕾，另一為分佈在整個口腔的神經系統。

目前認為除了四種基本味覺（酸，甜，苦，鹹）的傳遞由味蕾接收外，其他化學之感覺則由末梢神經接收，例如澀味。有關澀味的描述，Moncrief（1946）認為澀味是一種收縮或乾燥的感覺，Bate-Smith（1954）認為澀味是一種接觸性的感覺而非味覺。澀味產生的原因目前尚未有一個具體的說法。

Bate-Smith（1973）認為澀味來自澀味物質與唾液中的蛋白質或糖蛋白凝集，使得唾液的潤滑作用消失。另一種說法則是澀味來自澀味物質與口腔內的蛋白質結合產生沉澱，在口腔內形成一層被膜所造成的感覺。根據1984年Porter等人以單寧為澀味物質所做的實驗，結果說明單寧與唾液中富含脯胺酸的蛋白質有很強的親和力，而造成蛋白質沉澱。由於澀味的感覺並不會只侷限於口腔內的某一部分，目前澀味形成原因偏向於澀味物質與口腔內所有能產生鍵結的蛋白質結合，結合後產生的沉澱物在口腔內形成

一層被膜，由口腔內的末梢神經感覺到壓力與觸覺，傳送至大腦所產生的一種感覺，即所謂的澀味。

茶湯的澀味，主要是來自兒茶素類（catechins）；兒茶素是一種多元酚類（polyphenols），多元酚類佔茶葉乾重的10%～30%，兒茶素類則佔了茶葉多元酚類的70%～80%；兒茶素類又分為酯型與游離型兩種，具苦澀味；因此，茶葉之澀味在所難免，業者常言「不苦不澀就不是茶」之涵義亦在於此。一般來說，我們可以將茶湯澀味輕重的成因分為茶菁原料、製茶技術、沖泡方法及儲存條件四個部分來探討。在茶菁原料方面，又可以分成品種、季節、氣溫、雨量、日照、採摘法等方面來看：

品種特性
依品種特性而言，適製紅茶品種（如臺茶8號、阿薩姆種）兒茶素類之含量高於適製綠茶及包種茶之品種；適製部分發酵茶品種兒茶素含量不同，茶湯苦澀程度亦不同，以製作包種茶為例，青心大冇具強烈苦澀味及菁味，臺茶12號具強烈澀味，青心烏龍味甘醇、澀味較弱。

季節
不同季節之茶菁以夏茶所含的兒茶素類最高，其次為春、秋茶，最少者為冬茶。依茶芽葉之成熟度不同來比較，發現兒茶素類含量隨茶芽葉片之成熟度增加而減少，並以梗部之含量最少。

氣溫
在氣溫方面，高溫環境使得茶菁兒茶素含量較高，茶湯滋味較苦澀；低溫環境雖然會使產量降低，滋味較淡薄，相對地苦澀味也降低。在缺水環境下，兒茶素含量降低，在正常灌溉之下，茶湯

昔日茶業改良場茶葉品質感官評鑑工作團隊

茶業改良場推出評茶員認證制度，培育民間評茶人員及團隊

滋味較缺水環境來得苦澀。

採摘

臺灣夏季日照強，氣溫高，降雨較冬季多，故茶葉生長代謝較快，兒茶素類含量提高，製作包種茶時澀味較重，品質不如春冬茶。茶菁採摘的老嫩度也影響了茶湯滋味，嫩芽部分氨基酸含量較老葉為高，故茶湯滋味較甘醇，但相形之下，嫩採由於兒茶素含量也較高而苦澀味較重，因此包種茶製造上原料不主張過於嫩採。

茶葉製程

在茶葉製造過程中，兒茶素類被茶葉本身所含酵素催化，發生氧化聚合反應產生茶黃質、茶紅質與其他有色物質。這種氧化作用同時成為其他成分，如氨基酸類、胡蘿蔔素及脂質等變化之原動力，經一系列複雜化學變化，結果形成為影響香氣、滋味、水色及色澤的物質，這個反應過程就是所謂「茶葉發酵」。不同茶類，即為控制茶菁在不同發酵程度所成，由於兒茶素類的氧化聚合度不同，所得之茶葉在香氣、滋味及水色方面自然各具特色，兒茶素類可說是帶動整個茶葉發酵之關鍵物質，為茶葉成分中最重要的一種。在部分發酵茶製造技術方面，一般來說澀味的形成多半起因於「不當的靜置萎凋及攪拌」。其製程中講究的是發酵程度之適當性，若發酵不足則滋味淡澀，發酵不當則品質呈現粗澀，若攪拌不當而茶葉組織受損，導致水分無法蒸發而呈現積水現象，則品質易形成菁澀味，因此包種烏龍茶類澀味形成之原因來自不當的發酵。兒茶素會隨著靜置與攪拌之輕重而影響其發酵程度，發酵程度較重的茶類如鐵觀音及紅茶其兒茶素的含量較綠茶類低一些。

茶葉沖泡

在沖泡茶葉方面，茶湯萃取物的濃度隨著水溫的升高而升高，根據實驗的結果，以水溫70℃、80℃、90℃來萃取茶葉可溶物質20分鐘之後所到達的平衡濃度為3.55、3.62、3.82g/L，而以90℃溫度沖泡茶葉，其茶湯滋味較70℃低溫沖泡者苦澀。這是由於茶葉多元酚類在高溫下有較大單位的溶出速率。而兒茶素的含量為綠茶（嫩葉）＞綠茶（老葉）＞部分發酵茶類＞紅茶類。故沖泡綠茶時溫度不宜過高，以免因兒茶素含量高而苦澀味重，因此民間也有「發酵程度越重的茶，可以使用較高水溫來沖泡」的說法。

茶葉儲藏

茶葉成品在儲藏過程中由於氣候環境之氧氣、水分、光線及溫度的作用，導致成茶外觀失去光澤、茶湯水色褐變、失去活性、缺乏刺激性與醇厚感，變得平淡無味。更由於兒茶素化性活潑，氧化後會促使其它茶葉香味成分（如脂肪族化合物）之再氧化，導致異味生成，尤其是典型之油耗味、陳味。形成之淡味、陳味與澀味結合在一起，茶湯難於入嚥而有不悅的感覺，此時必須藉著烘焙技術來改善茶葉的品質；茶葉烘焙之操作乃溫度及時間之效應，若操作不當而呈現淡熟澀或陳熟澀之加成滋味，因而降低茶葉經濟價值。因此，若茶葉儲藏不當而形成滋味粗澀之感覺，烘焙改善茶葉品質之空間已受侷限。

綜合以上澀味形成之因素，多多品嚐各類茶不同品級之茶葉品質，從品種、栽培環境、採摘技術、製造過程、儲藏條件及烘焙技術等因素去探討澀味形成之原因，如此一來，你將對茶葉澀味就有相當的認識。

感謝

「茶若精彩 天自安排」這是我公務生涯的退休感言；退休後沉寂了三年，有一天在秋高氣爽的清晨，一心二葉美麗的茶品質代名詞及翠綠的茶園湧上心頭，叮嚀我該寫一本書了，給茶界留下一絲絲的回憶；終於一支拙筆觸動了，寫下了藏在內心深處的靈感。

首先感謝茶業改良場40年來的工作團隊，一路走來充滿了溫馨和諧、專業認真及積極負責的態度，長期致力於茶業科技的研究及新產品的開發，才能添加本書內容的豐富性。特別感謝昔日長官陳保基前主委、陳右人教授、茶業界前輩黃正敏先生及陳玉婷茶藝老師寫序，使本書的份量加重了。感謝之餘，昔日同仁羅士凱股長及邱喬嵩先生情義相挺，提供了茶樹品種、茶葉製造及品評等茶專業照片，以及張穎發先生的封面照，更加豐彩了本書文章的彩色性。另外，借重陳玉婷老師20餘年致力於推廣臺灣茶藝文化與茶席美學，更添加了此書內容的精彩厚實與人文美學。

感恩茶界朋友對茶的熱情關懷及積極參與，展望未來再創新機。
最後為茶獻上三首歌：
過去～九百九十九朵玫瑰
如今～我依然愛你
未來～明天會更好

昔日茶業改良場同仁，從事科技研究、茶園栽培管理、茶葉製造、精製包裝、行銷管理及茶藝文化等工作，為臺茶永續經營而努力。

本書部分內容經行政院農業委員會茶業改良場授權同意使用，提供業界茶知識及成果分享，在此致萬分的謝意。

國家圖書館出版品預行編目（CIP）資料

茶言觀色品茶趣：臺灣茶風味解析 = Observation and taste of tea/陳國任編著. -- 初版. -- 臺北市：華品文創出版股份有限公司, 2021.08
　　面；　公分
　ISBN 978-986-5571-48-1 (平裝)

　1.茶葉 2.製茶 3.茶藝 4.臺灣

439.4　　　　　　　　　　　　110010326

茶言觀色品茶趣——臺灣茶風味解析

編著者　　　陳國任
總經理　　　王承惠
財務長　　　江美慧
業務統籌　　龍佩旻
美編排版　　不倒翁視覺創意
印務統籌　　張傳財
出版者　　　華品文創出版股份有限公司
　　　　　　公司地址：100台北市中正區重慶南路一段57號13樓之1
　　　　　　倉儲地址：221新北市汐止區大同路一段263號9樓
　　　　　　讀者服務專線：(02) 2331-7103
　　　　　　倉儲服務專線：(02) 2690-2366
　　　　　　E-mail：service.ccpc@msa.hinet.net
總經銷　　　大和書報圖書股份有限公司
　　　　　　地址：242新北市新莊區五工五路2號
　　　　　　電話：(02) 8990-2588
　　　　　　傳真：(02) 2299-7900
印刷　　　　卡樂彩色製版印刷有限公司
二版三刷　　2024年2月
定價　　　　平裝新台幣450元
ISBN　　　　978-986-5571-48-1

Observation and Taste of Tea

Observation and Taste of Tea